U0220714

管好你的钱
人人都要懂的财富传承

武秋萍 / 著

ZHEJIANG UNIVERSITY PRESS
浙江大学出版社
·杭州·

图书在版编目（CIP）数据

管好你的钱：人人都要懂的财富传承 / 武秋萍著
. -- 杭州：浙江大学出版社，2024.3
ISBN 978-7-308-24646-0

Ⅰ．①管… Ⅱ．①武… Ⅲ．①家庭财产－财务管理
Ⅳ．①TS976.15

中国国家版本馆CIP数据核字(2024)第008903号

管好你的钱：人人都要懂的财富传承

武秋萍　著

策　　划	杭州蓝狮子文化创意股份有限公司
责任编辑	黄兆宁
责任校对	朱卓娜
封面设计	袁　园
出版发行	浙江大学出版社
	（杭州市天目山路148号　　邮政编码　310007）
	（网址：http://www.zjupress.com）
排　　版	杭州林智广告有限公司
印　　刷	杭州钱江彩色印务有限公司
开　　本	710mm×1000mm　1/16
印　　张	16.75
字　　数	191千
版 印 次	2024年3月第1版　2024年3月第1次印刷
书　　号	ISBN 978-7-308-24646-0
定　　价	68.00元

推荐序

中国人是世所公认的勤劳族群，在过往的岁月里，中国人持续以自己的辛勤劳作努力创造财富、美化生活，很早就形成了重视财富和"君子爱财，取之有道"等关于财富的文明意识。

进入改革开放新时期，中国以一部分人先富起来，最终带动整个社会共同富裕的清晰思路，紧密配合"发展才是硬道理""以经济建设为中心"的基本路线，让百姓的财富得到了前所未有的增长和积累。社会主义市场经济体制的完善还将使这一进程沿着高质量发展之路继续推进。

然而，纵观中外历史，这样的故事也比比皆是：第一代人创造财富、勤俭持家；第二代人接受良好教育、享用财富，但因从小看到父辈艰苦创业，心中知道金钱来之不易，所以知道自律守成；第三代人往往从出生开始就享受优渥生活，没有金钱概念，甚至德不配位，出现无法理性掌握财富的"败家子"。

所谓"富不过三代"，是全球范围内都存在的财富传承困境，也是每一位成功致富的父母会面临的挑战。当下拥有财富，不代表后代能同样拥有并合理享用财富，甚至拥有太多的财富对后代来说未必是一件好事。

有远见及智慧的父母，会为孩子将来的幸福和高质量人生布局。但是，守富和传富所需的知识结构不同于创富，有一定的复杂性和专业性。"财富"也不单指物质层面的财富，它还涉及更重要的精神与文化层面的财富。

因而进行全局考虑，锻炼孩子的身体，塑造孩子的心灵，培养孩子良好的财富态度，并利用专业工具做物质财富规划，提升后代的文明素质和综合才干，是为家庭赋能，"管住、管好"家庭财富，保证家庭幸福、后代持续兴旺的根本要素。

企业家族的代际传承往往会对当地经济产生直接或间接的影响，许多普通家庭财富的有序传承，对于社会稳定、家庭和睦和亲友融洽也具有相当重要的意义。这就凸显出财富的合理管理与传承不仅是各个家庭的大事情，也是整个社会的重要事情。

本书作者武秋萍女士结合生活中的案例，以清晰的层次、生动的文笔解读法规，指出问题，引发读者思考。武秋萍女士通过条理化的认知与讲述，从财富管理规划的时间、财富的体量、家庭情况的复杂程度等几个方面入手，给出了非常生动且实用的方案和建议，在生命教育和财富传承规划尚未受到普遍重视的当下，对广大读者具有十分重要的参考意义。

阅读本书，也许会启发你以崭新的角度看待财富和家庭，收获新的人生感悟，注重提升生活质量。同时，如果你对当下如何"管住钱"还存在方法上的困惑，本书的 7 种传承方式必将给你更全面和系统的帮助，让你能够按照自己的意愿和偏好，合理合法地传承和保护财富。

祝各位读者有所收获。

贾　康

第十一届、十二届全国政协委员，十三届全国政协参政议政人才库特聘专家

华夏新供给经济学研究院创始院长，财政部财政科学研究院研究员，博导

目录

/03　赠与：生前传承工具

/04　遗嘱：最基础的传承方式

/05　寿险规划：最好的现金管理工具

/06　保险金信托：最优的身后现金管理方式

/07 进阶的财富管理与传承工具

/08 需要传承的不仅仅是财富

前言

著名心理学家西格蒙德·弗洛伊德（Sigmund Freud）在研究人的需求时发现，幸福是人生的终极目标。

作为一个中年人，我每天都很忙碌，忙着工作、学习，还有孩子们的一日三餐。我身边的朋友似乎也都如此，感觉中年人好像不配拥有太多自己的时间。每当忙得晕头转向时，我总会为自己叫"卡"！然后停下脚步回想历史名人的研究结论：我的终极目标应该是幸福、社交和健康！

为什么开篇讨论了一个看似和财富管理及传承无关的话题？因为在更年轻的时候，每当夜深人静，我时常拷问自己："我活着的终极目标是什么？怎样才能获得长久的幸福呢？""风物长宜放眼量"，每当拉长时间维度看问题，当下的狼狈就会得到些许的缓冲，心灵也会得到片刻的慰藉。

我想，本书要讨论的财富管理和传承，也应该为人生的终极目标服务。

我们这么忙碌的终极目的不是赚钱，赚钱只是过程、手段，追求个人和家庭的幸福才是终极目的。因而，赚钱、存钱，管理好自己辛苦赚来的财富并有序传承，自己以及家人才可以更幸福、更和谐地生活下去。

在这里，我们不可免俗地谈到了钱，以及财富的管理和传承。优秀的财富管理和传承方案可以为个人及家庭提供更好的经济状况，也能帮助个人及家庭更好地应对突发事件和未来的不确定性，增强安全感和幸福感，减轻压力。

只有高净值人群才需要财富管理和传承吗？个人认为：不。

高净值人群因为财富总值高、资产存在的形式复杂且分布地域广阔，家庭关系可能也更为复杂，所以进行财富管理和传承安排势在必行。

但是，我们每一个普通人靠辛勤劳动赚来的每一元每一分，也都值得被尊重。只要生前没花完赚到的最后一分钱，无论是父母将要传给自己的资产，还是自己想在未来传给孩子们的资产，就都有财富管理和传承的必要和需求。如果自己不规划，法律就会帮忙规划；而法律规划的结果，往往不是自己想要的。

所以说，财富管理和传承是否有必要，和理念有关，和财富的总量并不直接相关。因而，本书不但对高净值人士有参考意义，也适用于每一个普通人。

从整个家庭的财富管理和传承的维度来看，当个体在创造财富的同时，就应该以守富、传富为目的，同时对财富进行规划和安排。因为创造财富的过程，也是财富流动的过程。财富的创造和流动，以及家庭成员的生存状态的变化、身份的变化、婚姻的变化，都可能对财富的总量产生巨大的影响。因而，财富管理和传承规划应该是动态的，应该与创富的过程同步进行。

由于历史的原因，中国的"50后""60后"没有继承太多资产，所以对于什么时候该规划传承、怎么传承、传承给谁大都没有清晰的概念。一部分"70后""80后"虽然从家庭中继承了部分财产，但也不太懂传承。然而随着中国经济的崛起，不少家庭已经积蓄了可观的财富，并开始了跨行业、跨地域的投资，而这些都属于对自己生前财富的规划；对自己身故之后的财富规划，却鲜少有人关注和安排。我们见过的财产继承纠纷，尤其是房产继承纠纷不胜枚举，不少家庭最终不得不对簿公堂、亲人反目。而提前进行财富管理和传承规划可以规避许多矛盾和纠纷。

首先，财富管理和传承安排应该是当事人明确的意思表示，而且是当事人对所创造财富的更周密的安排，能确保自己创造的财富有序延续到下一代，为家庭成员提供安全感，从而有助于提升他们的幸福感。

其次，财富管理和传承安排可以帮助家庭成员更好地理解家庭价值观，从而增强家庭凝聚力。这种家庭凝聚力可以为家庭成员带来更多的幸福感和满足感。

因而，合理进行财富管理和传承有助于实现个人及家庭成员的人生终极目标，这是我们追求财富的目的和意义所在。

我们做过一项调查，当和调查对象开启与财富管理和传承相关的话题时，他们的第一反应往往是这个话题与自己无关，或者与当下的自己无关。而一旦话题开始深入，他们会马上意识到，这个话题不但重要，而且紧急——因为人生有太多不可控因素，你不知道风险什么时候降临，也不知道会降临到哪位家庭成员的身上。

对财富管理和传承了解得越多，我的感触就越深。为了让更多人能和我一样了解财富管理及传承的意义，以及学会运用工具去解决现实中的困难，我一直想要写一本介绍财富管理和传承的书，于是就有了本书的创作。

首先，本书不但适用于高净值人群，而且对于普通人群，只要开始思考传承问题，就有一定的参考价值。

其次，它也适用于金融从业人员。除了对金融工具的熟练应用，如果他们能对其他工具及传承意义有更深入的了解，就能和客户们探讨更深入的话题，了解客户更深层次的需求，从而更好地为客户服务。

本书介绍的财富管理与传承方式有七种，分别是：赠与、遗嘱、寿险、保险金信托、家族信托、家族办公室、家族基金会。

第一种是赠与。赠与是生前传承最简便且又私密的方式。但赠与意味着财产所有权的转移，如果不担心对财富失去掌控力，可以采用生前将财富赠与他人的方式进行传承。

第二种是遗嘱。遗嘱是最基础的法律文书。我们倡议，每个人都应该在 45 岁左右立有一份遗嘱。它是我们对自己一生积累的回顾，也是我们对家人最真挚的爱的长期体现。设立一份有效且合理的遗嘱，并对其进行动态规划，可以帮助继承人顺利继承家产、化解家庭的许多纠纷与矛盾，帮助家庭建立长期、稳定、和谐的关系。即使孩子是独生子女，父母也需要设立遗嘱。

第三种是寿险。寿险是现金最好的传承工具，具有极强的确定性、私密性。在全世界范围内，寿险的传承作用已被广泛认可。购买人寿保险，尤其是高保额的终身寿险，通过指定受益人，可以有效地进行现金的传承，避免法定继承和遗嘱继承过程中的诸多烦琐程序；可以帮助当事人在生前拥有资产的控制权，在身后实现私密、简便的传承，是生前规划中一种非常简便、有效的工具。目前越来越多的高净值人士认同用寿险进行财富守护和传承。需要注意的是，寿险传承规划是通过优秀的架构设计实现的，选择哪家保险公司并不是重点。

第四种是保险金信托。保险金信托是简化版的"家族信托"，也是人寿保险的升级版，因而也被称为"人寿保险信托"。相较于家族信托，保险金信托具有门槛低、操作简便、灵活等优势，一般300万元以上保费或保额即可设立。同时，保险金信托还是人寿保险的补充。当事人设立终身寿险且与被保险人一致时，可在终身寿险生效后将受益人改成保险金信托。在当事人身故后，赔付资金进入信托，而不是将一大笔钱直接赔付给受益人，可以实现委托人生前及身后对资金的安排和掌控，防止后代被骗或败家。需要了解的是，保险金信托里只能装钱，不能装其他类型的资产。同时，它的起点不高，功能强大，新中产人士及高净值人士在配置寿险产品后都值得考虑是否要将保单装入信托。

第五种是家族信托。家族信托并不是以前大家熟悉的标准化金融产品，而是一个法律架构。它与婚姻有关，并利用法律赋予信托财产的独立性，着重财产的保护、管理和传承，是重要的财富管理工具，也是一个家族财富的系统化解决方案。设立家族信托的财产金额或者价值不得低于1000万元，委托人可以将各种类型的资产都装在家族信托里，例如房产、股票股权基金、存款、珠宝字画等。设立家族信托是超高净值家庭需要考虑的事情，设立家族信托后就不再拥有财产的所有权，设立前需慎重考虑。

第六种是家族办公室。家族办公室的职责类似于家族助理，能为高净值家族提供专业的管理和咨询服务，家族办公室的团队人员通常包括但不限于：律师、税务顾问、投资顾问、保险顾问、信托顾问。高净值家族的后代教育、家族安全、慈善安排、遗产规划等都属于家族办公室服务的范围。因为家族办公室不是大部分人的财富管理及传承方式，本书仅做简要阐述。

第七种是家族基金会。家族基金会类似于家族财富管家，具有非营利法人资格，拥有独立的财产。但不同于公司，家族基金会没有股东，因而也就没有基金会之外的最终所有者。它通常是基于个人或家族成员捐赠或遗赠财产的方式设立的，一旦设立者将财产捐赠给家族基金会，该财产就不再属于设立者，基金会将享有该财产的全部所有权。与家族信托不同，家族基金会是一个独立的法律实体，只要保持注册状态就可以一直存在下去。因不属于大部分人的财富管理及传承方式，本书仅做简要阐述。

以上七种方式，几乎涵盖了所有财富传承的方式。所有有财富管理和传承需求的人，都适用赠与、遗嘱、寿险做财富管理和传承安排，这三者没有冲突，可以共同运用、互相补充，以实现较好的传承方案。新中产及高净值人士除赠与、遗嘱、寿险综合规划传承，也建议考虑增加保险金信托方案。超高净值人士及家庭，除前四种方式，也建议了解家族信托、家族办公室、家族基金会的情况，看是否适用于自己的家庭。

以上的每一种方式，都可以单独展开、独立成书。因而对每一部分的深入探讨和展开，也是我们未来规划出版图书的方向。

我觉得我做的是一件很有意义的事情，希望通过本书的阅读，读者可以加强对传承的关注和重视，并付诸行动。然而，真正意义上的传承，应该是多维度的，除了物质上的传承，更应该是精神上的传承、教育上的传承、文化上的传承、社会资源上的传承。

本书篇幅有限，希望抛砖引玉，帮助大家放长周期看待财富和人生，开启新的思考，从而缓解一些当下的焦虑和烦闷。

在本书的撰写过程中，我得到了家人的无限支持，感谢他们给予我的无私付出，有他们是我一生最大的幸福。同时，也感谢爱建信托家族办公室总经理助理姚正阳、上海中联律师事务所高级合伙人薛为华律师、我的好友李聃冉女士以及我的助理丁丁在本书撰写的过程中给予我的专业指导和建议。

因水平有限，疏漏在所难免，希望读者可以提供宝贵的建议和批评指正意见。也欢迎大家到我们的微信视频号"安安有家办思维"留言。关于财富的管理和传承，期待在未来能和大家有持续的探讨与互动。

01

创富方式千千万万，
守富工具寥寥几种

改革开放 40 多年来，中国涌现出了一批肯吃苦、有眼光、有胆识的创业者。他们在改革开放的红利下，积累起了可观的财富。如今，这一群体已经步入中老年，正面临财富传承的问题。

一代创富者没有"被传承"的经历，因而不了解或者说没有意识到财富管理与传承是个过程管理，而非结果管理。同时，做好财富管理与传承，往往需要具备和创富不同的基本知识，结合多个领域的经验。加上多数人忌讳谈及死亡，或者不知道从哪里去获取此类知识，因而守富及传富的重要性往往被忽略。

然而，每当我和亲朋好友聊起人生的意义、传承的目的，大家都会立马意识到，传承太重要了，甚至比当下的事业和工作都重要得多。关于财富管理和传承，我喜欢把它们列在"重要且紧急"的象限。本章将阐述几个关于财富的认知误区。

财富的认知误区

误区一：只重视当下收入，忽略安全资产沉淀

当下收入很重要，但赚钱只是手段，幸福才是目的。如果在赚钱的过程中不能沉淀下安全的资产，并忽视未来的不确定性和风险，工作和创业辛

苦积累的财富，可能都会付诸东流。长期来看，未来可能会发生以下几种情况：

第一，收入不稳定。收入并不是永久存在的，它可能会因各种原因而减少或停止，例如，失业、疾病或经济衰退等。根据国家统计局数据，2023 年 4 月份全国城镇调查失业率为 5.2%。同时，因就业人数减少，领英中国本土化求职平台"领英职场"将于 2023 年 8 月 9 日起正式停止服务。如果没有足够的安全资产作为备用金，收入不稳定将导致严重的财务困境，影响家庭和生活的稳定。因而"赚"的同时，要注意"存"。

第二，发生突发事件。生活中经常会有各种突发事件，例如疫情、健康问题等。这些事件会消耗资金，如果没有存储足够的安全资产应对突发事件，可能会让生活陷入窘境。

第三，投资风险。投资是获取收入的一个途径，但是所有的投资都伴随着一定的风险。我们身边的部分企业家，当在自己本行业获得成功后自信心爆棚，开始投资上下游产业链，或者跨行投资，但大部分这样的投资，最终的综合投资回报率并不尽如人意。投资有风险，投资需审慎。

第四，退休。人不可能工作一辈子。退休后，通常收入会大幅下降，而退休金和社会保障的补充也可能不足以维持原先的生活水平。在这种情况下，如果没有提前积累足够的安全资产，退休后的生活品质可能无法保证。

因而，只关注当下收入而忽略安全资产沉淀的做法是欠妥的。我们的财务计划应该同时考虑收入和安全资产的平衡，以确保未来的财务稳定和安全。

误区二：只规划生前，而忽略身后财富的规划

财富是我们一生的辛苦积累，应该为我们和家人所用，在提供财务保障的同时，为家人赋能，让生活更有幸福感、满足感。但如果我们只关注当下，而忽略了身后的财富规划，可能会导致以下潜在的问题。

首先，如果我们没有在生前就做好离世后的财产规划，遗产会按法定继承的顺序分配；而法定分配的方式，可能往往与我们的真实意愿不符。我们最爱的人可能会因此受到损失，亲人之间也可能产生纷争和矛盾。

其次，如果我们没有做好身后的财产规划，我们的家人可能会面临财务困境。举个例子，再婚家庭中，男方与多任妻子育有孩子，当他离世且没有规划好身后财产时，家庭中的未成年子女，可能会因为没有能力和家庭中更有能力的成年继承人竞争财产，而面临未来缺乏生活费用的问题。

此外，如果我们没有做好身后财产的规划，我们的家人可能会搞不清楚我们有多少财产，从而让我们积累的财富因没有被发现而流失。

误区三：我的财产未来都是我孩子的

父母往往都会希望将遗产传给自己的子女，但如果不做规划，恐怕会让愿望落空。首先，有些人根本搞不清自己有多少财产，也不写遗嘱清点下财产，那么，后代很有可能会找不到长辈的所有财产，比如不知道父母有代持的股权，不知道父母在某个地方还有银行存款、保险账户等。这会导致部分财产无法继承。

其次，按照《中华人民共和国民法典》第一千一百二十七条规定，法定

继承的第一顺序继承人不单有自己的子女，还有自己的父母及配偶。在正常情况下，这些人有平均分配遗产的权利。所以，遗产并不仅仅是向下传承的。

最后，《中华人民共和国民法典》第一千零六十二条规定，夫妻在婚姻关系存续期间继承的财产，为夫妻的共同财产（《中华人民共和国民法典》第一千零六十三条第三项规定的除外），夫妻双方对该笔财产有平等的处理权。因而当父母离世时，独生子女在婚内按法定方式继承的财产，都是夫妻的共同财产。如果未来发生婚变，此部分继承来的财产就需要分割。

认为自己的钱财都会归属于孩子，因此不用做任何规划，这个观点是不对的。

误区四：留给孩子的财富，越多越好

父母大概率会比自己的子女早离开人世。首先，如果父母不为孩子规划财产，孩子一下子得到大量财富，可能会失去人生的动力和奋斗目标，过早在父母留下的财产上"躺平"。

其次，如果父母不为孩子规划财产，将来所有的财产都让孩子来处置，万一孩子不具备和父母同等的财富管理或投资能力。可能会因为不善于管理财产而导致财产受到损失。

最后，如果父母不为孩子规划财产，孩子也可能会被他人骗取钱财，或沾染恶习。

因而，传承的财富并不是越多越好，只有教育好自己的子女，让他们明白金钱的意义，并在自己生前为子女提前做好一定的规划，才能有效防范家庭成员因年轻不懂事、冲动、缺乏能力、挥霍浪费或被人骗财等而导致资产损失的风险。同时，提前规划能对家庭中的特殊人群给予照顾，让其生活得到充分保障，帮助财富进行平稳有序的传承。作为知名富二代，李兆会的故事印证了财富并非越多越好。

富二代变负债二代

李海仓是海鑫钢铁集团的创始人，事业做得风生水起。不想 2003 年，他被人枪击后离世。于是，家族企业的重担不得不交到了 22 岁的儿子手中。

他的儿子名叫李兆会，出生于 1981 年。临危受命，李兆会从澳大利亚提前结束学业回国接手家族企业的生意，并在后来凭借 100 亿元的资产成为山西省最年轻的首富。同时，他之所以如此出名，也是因为他迷恋灯红酒绿的生活，并迎娶了影视明星车晓。当时，他们的结婚场面非常盛大，开席 500 桌，婚车 200 余辆，随行的悍马车队更是成为当时各大媒体的新闻头条。然而时隔一年多，两人便分道扬镳，分手费高达 3 亿元。之后，李兆会又再次迎娶了另一位女明星程媛媛。

除了婚姻上的变化，李兆会在继承家族企业之后，还改变了父亲制定的经营战略，开启多元化经营之路，并醉心投资业务。2014 年，海鑫钢铁集团出现资金危机，于次年破产。

作为知名的富二代，李兆会至此跌落神坛。他在公司破产后背负大量债务，并在 2017 年被列入失信人名单。为了躲避债务，他直接人间蒸发，至今没有人知道他在哪里。仅仅十多年的时间，一位曾经家财万贯的富二代，就将父亲毕生积累的家业散尽。

守富及传承迫在眉睫

在我国，民间有个关于传承的说法："富不过三代。"而放眼全世界，似乎所有的国家或地区都有类似的说法。按照美国布鲁克林家族企业学院的研究，70% 的北美家族企业没有传到第二代，88% 的家族企业没有传到第三代，只有 3% 的企业在第四代以后还在经营。相应地，欧洲大约只有 4% 的家族企业能够传承到第四代。对东南亚国家的研究表明，华人家族企业在从第一代向第二代交棒时，其上市公司的市值在 5 年内平均缩水六成。[①]

所以，传承在全世界范围内都是难题，同时它也困扰着一代又一代人。而历史的经验告诉我们，成功的家族财富传承不是一时兴起，不是结果管理，而是需要长远、周密的规划。在我国，目前的"50 后""60 后"，在不久的将来，即将面临财富的代际传承，然而，守富和传富在当下仍存在诸多困境。

知识储备过少

为了将家庭积累的财富向后代传承，在欧美，大部分家庭在孩子第一次婚姻前，就开始规划整个家庭的财富传承计划，这足以见得他们对传承的重视。

[①] 建信信托"中国家族办公室"课题组. 中国家族办公室研究报告[M]. 北京：社会科学文献出版社，2016：2.

而在我国，如何创造财富才是大家首要关注的话题。由于没有"被传承"的经验，大家很少会主动去思考如何进行财富管理和传承。然而守富传富是一个过程管理，而非结果管理，需要多个方面的综合知识，且往往和创富所需要的知识不同。因而，为了更好地守富及传富，我们应该尽早储备相关知识，并寻求专业人士的协助。香港明星沈殿霞在自己身患癌症时给女儿做的信托就是她在深思熟虑后以及在专业人士的协助下做出的安排，彰显了传承智慧。

明星沈殿霞的传承智慧

沈殿霞是知名港星，其前夫是著名港星郑少秋，两人育有一女，名郑欣宜。2008 年，沈殿霞因罹患肝癌不幸去世，时年 62 岁。

沈殿霞在娱乐圈打拼一辈子，弥留之际，最不放心的就是自己的女儿。她担心女儿仅约 20 岁，仍是懵懂无知的年纪，无法独自管理好她留下的大量财富，包括但不限于房产、现金、珠宝首饰等。

忧心之余，沈殿霞选择了财富管理工具——家族信托，并将银行存款、市值 7000 万港币的花园公寓、投资基金与珠宝首饰等资产装入了自己设立的家族信托。沈殿霞是这个家族信托的委托人，女儿郑欣宜则是信托的唯一受益人。未来，她每月可以从信托中领取 2 万港币作为生活费，结婚时可以申请一次性领取部分资金。沈殿霞对信托的安排，是直到郑欣宜年满 35 周岁，才能一次性获得信托中的剩余资金。因为她认为，35 周岁的女儿应该已经长大、懂事了。

同时，为了更好地照顾郑欣宜并监督受托人，沈殿霞还特别指定前夫郑少秋和自己信赖的朋友担任信托保护人（监察人）。郑欣宜如果要动用资产，必须获得信托监察人的同意以及受托人的审批。

从后来的效果来看，沈殿霞的安排十分成功。在万千宠爱中长大的郑欣宜，花钱大手大脚，每个月2万元港币，对于从小养尊处优的郑欣宜来说，根本不值一提。母亲去世后，郑欣宜的外籍男友就开始花郑欣宜的钱，而郑欣宜自己也有挥霍倾向。她直接将妈妈留下的豪宅变卖，换了一套小房子，自己则和男朋友到处旅游吃喝玩乐，没几年就将变卖豪宅的钱挥霍一空。有报道称，郑欣宜最惨的时候，口袋里只剩下26元港币。

然而，幸亏妈妈运用智慧，在生前留下了一个信托，才给了女儿基本的生活保障，防止了她滥用无度、尽情挥霍。

当挥霍完了没有装进信托的财产，郑欣宜意识到，仅凭每月从信托中领取的2万港币，她的生活必定捉襟见肘。为了生存，她不得不开始努力工作。幸运的是，她的努力打动了一些人。同时，沈殿霞生前因好人品而积攒下来的人脉也帮助了她。慢慢地，郑欣宜开始发行新曲，事业进展得有声有色。现在的郑欣宜，已经在乐坛做出了亮眼的成绩，也得到了大众的认可。

随着年龄渐长，郑欣宜也开始理解母亲当初的一番苦心。2022年5月她年满35岁，正是妈妈约定将6000万元港币信托财产交由她个人管理之时，她表示："暂时不会动这些钱，现在完全可以靠自己生活，也感谢妈妈当初这样的安排。"

沈殿霞的规划，从行内人士的角度来看，是非常成功的。这个家族信托的规划，展现出了沈殿霞的智慧。她深谋远虑、用心良苦，用自己的规划约束了女儿的挥霍，帮助女儿自立自强，凭借劳动得到了社会的认可。

正是通过家族信托的筹谋，她伟大的母爱得到了延续。

财富体量变大

2020 年，中国高净值人士的数量[①] 达到 262 万人，与 2018 年相比增加了约 65 万人，年均复合增长率由 2016—2018 年的 12% 升至 2018—2020 年的 15%。报告称，这主要源于资本市场过去两年的快速升值，一、二线城市房地产市场的持续回暖，境内外首次公开募股（Initial Public Offering，IPO）加速下新富人群的不断涌现。从财富规模看，2020 年中国高净值人群共持有 84 万亿元的可投资资产，年均复合增速为 17%。总体高净值人群人均持有可投资资产约 3209 万元。除了高净值人士数量的增长，过去 10 多年里，房价的暴涨也意味着在"北上广"这样的大城市里，不少人都是千万富翁。当财富的总量超过了自己在世时可以享用的部分时，向下传承势在必行。

因而，我们需要尽早考虑如何最大限度地保护和分配自己身后的财产，这样做不仅可以保护我们的财产，还可以为我们最亲近的人提供财务保障，确保我们的财富能够最大化地为我们所用。

外部环境复杂

外部环境也是守富与传富的影响因素。比如地缘政治局势的变化以及国际事务的发展会对财富传承产生影响，而政治稳定性、法律体系、资本

---

① 《2021中国私人财富报告》将可投资资产超过1000万元的个人，定义为高净值人士。

流动限制等因素则可能会对跨国财富传承造成影响。

同时，经济走向、金融市场的波动以及投资风险都存在不确定性。这些不确定性可能会直接导致财富价值的波动和损失，给财富传承带来风险。

另外，现代科技的发展和企业的数字化转型也对财富传承产生了深远的影响。家庭需要适应科技进步和数字化平台，以应对财富管理、数据隐私和信息安全等方面的挑战。

还有，政策的变化也值得重视。2023 年 5 月，我国全面实现了不动产统一登记，为房地产税的开征奠定了基础，而我国大部分人的资产是以房屋的形式存在的，如果未来开征房地产税，对家庭财富的影响必然是巨大的。因此，认识到这些外部挑战，并制定相应的策略和计划来应对迫在眉睫。

内部传承受困

除了复杂的外部环境，家庭内部传承的压力也不容忽视。

首先，我国大部分的独生子女家庭，父母在制订传承计划时，几乎没有接班人的选择权，而下一代的综合能力是不可控的。

很多下一代对于未来也充满迷茫和困惑。物质生活的富足给了他们更多的资源，但同时，他们没有为之奋斗的人生目标，也不喜欢妥协，同时他们更注重个人的空间和自我感受。持续走低的结婚率和新生儿出生率印证了这一点，他们不像父母一样，有明确的目标和规划。父母给予他们的财富和资源，可能已经足以让他们一辈子"躺平"。

这些家庭内部的问题，都让传承受困。古语云："父母之爱子，则为之计深远。"如何让孩子正确面对人生和财富，积极探寻生命的目标和意义，是值得重视的问题。

创富不易，守富更难

传承面临诸多困难，为人父母，未雨绸缪了解如何进行守富和传富十分必要。然而，致富的原因多种多样，而结合历史和全球的经验来看，守富的工具只有寥寥几种。

《2021 中国私人财富报告》调研数据显示，高净值人群中"董监高"①、职业经理人（非"董监高"）、专业人士的群体规模持续上升，合计占全部高净值人群的比例由 2019 年的 36% 上升至 2021 年的 43%，规模首次超越创富一代企业家群体，如图 1-1 所示。同时，他们来自不同的行业，创富的方法可谓千千万万。

---

① 上市公司董事、监事和高级管理人员的简称。

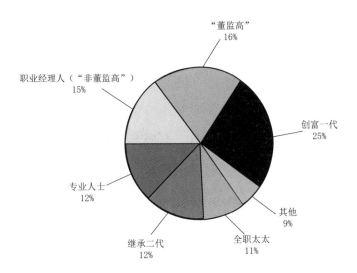

图1-1　2021年中国高净值人群构成按职业划分

数据来源: 招商银行, 贝恩公司. 2021中国私人财富报告 [R/OL]. (2021-08-26)[2023-07-11]. https://www.bain.cn/pdfs/2021082605494 06724.pdf.

全世界范围内，在守富和传富领域，只有遗嘱、寿险等少数工具被广泛认为是有效的方式。这是因为守富和传富的工具必须满足以下几个特点：

第一，法律规范性强。

遗嘱、寿险等能作为传承的工具是经过法律明确规范的。

根据《中华人民共和国民法典》第一千一百三十三条：自然人可以依照本法规定立遗嘱处分个人财产。

根据《中华人民共和国保险法》第二十三条第三款：任何单位和个人不得非法干预保险人履行赔偿或者给付保险金的义务，也不得限制被保险人或者受益人取得保险金的权利。

根据最高人民法院〔1987〕民他字第 52 号《关于保险金能否作为被保险人遗产的批复》：根据我国保险法规有关条文规定的精神，人身保险金能否列入被保险人的遗产，取决于被保险人是否指定了受益人。指定了受益人的，被保险人死亡后，其人身保险金应付给受益人，未指定受益人的，被保险人死亡后，其人身保险金应作为遗产处理，可以用来清偿债务或者赔偿。

在遵循相关法律法规的前提下，当事人使用这些工具对自己的财富做出明确的规划，具有法律效力和保障。

第二，明确的意愿表达。

一份有效的遗嘱和指定受益人的寿险，是当事人在生前对自己身后的财富的明确指示和规划，可以防止由于意愿不明确而导致的争议和纠纷。

第三，稳定可靠。

股票、房产等财产在当事人生前可以创造财富，但是这部分财富属于当事人本人。当事人身后，这些财产的归属存在不确定性，因而它们只是创富工具。而一个守富和传富的工具，需要在当事人发生意外等特殊情况时，明确地指向财产属于谁，而这个特性只有遗嘱和寿险等工具可以做到。

第四，保护家庭成员利益。

守富及传富工具必须能够保护家庭成员的利益，必须是当事人在生前最优的财富规划安排，必须能避免突发状况导致的家庭财富流失或争议。

而这些，只有遗嘱、寿险等有限工具可以做到。

因而，守富工具寥寥可数。如果想要将已经拥有的财富好好利用，对于普通人而言，赠与、遗嘱、终身寿险的规划必不可少。这三者适用于不同的使用场景并具有不同的功能，如表1-1所示。对于稍有财力的人而言，除以上三种，也可以运用信托、家族办公室、家族基金会来规划自己的财富。

表1-1 赠与、遗嘱与终身寿险的使用场景与功能

项目	赠与	遗嘱	终身寿险
传承时间	生前	身后	主要是身后
适用财产类型	多样	多样	资金
受益主体	广泛	广泛	有保险利益的人
私密性	私密	公开	私密
确定性	高	一般	高
财产增值	无	无	有
税收筹划	无	无	指定受益人的赔款 无遗产税、无个税
债务隔离	有	无	有
受益人获得资产后的财富管理功能	无	无	无

02

守富传富最大的风险
是看不到风险

财富对于每个人而言都至关重要。财富可以帮助我们实现梦想，提高生活质量。然而，我们需要认识到，财富是用时间来衡量的，而不是用数量来衡量的。

创造财富的同时，如果没有同步做风险规划，那么财富可能用不了很久就会离我们而去，不但无法为个人和家庭带来持久的幸福感，甚至还会带来灾难。

中国有句古话，"富不过三代"，放眼全球，几乎每个国家都有类似的谚语。如何在创造财富的同时保持警惕和耐心，应对未来可能发生的风险，是我们在创富时需要同步思考的。

对富有者如此，对普通人亦如此。

婚姻财产风险

婚姻给个人财产带来的风险不容忽视。首先，我国实行夫妻财产共有制，因而婚后要特别关注婚内受赠和继承财产、婚姻财产混同以及夫妻共同债务等。其次，婚姻财产也与离婚、配偶去世等不可预测的事件相关联，这些都可能会对个人财产造成不可逆转的影响。此外，由于各个国家和地区的婚姻法规不同，婚姻对财产带来的风险也会不同。

因此，我们需要认识到婚姻会对财产带来风险。夫妻之间应该坦诚交流，共同规划自己或子女的财产，并以夫妻和睦为前提采取相应的措施来防范这些风险，同时避免婚姻问题而导致的财产损失。

婚内受赠及财产继承

绝大多数的父母，在主观上都希望将自己的财富全部传承给自己的子女，而不希望自己的财富成为子女的夫妻共有财产。但是，光有主观意识而不做规划，就会导致大部分父母不愿意看到的情况发生，尤其是在离婚率越来越高的当下。

在婚姻财产风险中，最值得关注的就是婚内受赠或者财产法定继承。因为在婚姻关系存续期间，受赠或继承的遗产，如果没有特别约定，都属于夫妻共有财产。[1]

先来看婚内财产赠与。

子女成家之后，有些父母会选择将房产、现金等资产赠与子女。比如，直接通过银行卡转账给自己的子女而不做任何备注。但是，在这个过程中，父母可能并没有意识到，在子女领结婚证之后，再给到子女的财产，如果不签赠与合同，不加转账备注，表明这些是赠与子女个人的财产，与其配偶无关，则都属于子女的夫妻共有财产。

---

[1] 根据《中华人民共和国民法典》（婚姻家庭编）第一千零六十二条：夫妻在婚姻关系存续期间所得的下列财产，为夫妻的共同财产，归夫妻共同所有。(四)继承或者受赠的财产，但是本法第一千零六十三条第三项规定的除外。夫妻对共同财产，有平等的处理权。

再来看婚内遗产继承。

生死问题太过敏感，所以离世之后的规划是很多中国人不愿意去思考的。一些家长哪怕已经步入了老年，也觉得自己仍旧年轻，遗嘱可以等到来日再写，更不要说去了解其他的传承工具并做规划了。

但是，我们永远不知道意外会不会来，什么时候来，会发生在谁的身上。比如美国知名球星科比和女儿的离世，就是谁都预想不到的意外。而类似的噩运如果发生在任何一个没有做好传承规划的普通父母身上，都会导致其遗产被法定继承。而由子女法定继承的财产，是夫妻双方共有的财产。

如果父母没有做好提前规划，就会让自己这一代积累的财富变为子女的夫妻共有财产。若子女婚姻危机爆发，便会成为最大的风险点。

【案例解析】

小 A 在单亲家庭中长大，她的母亲独自打拼，先后在城市里买下了五套房产，都登记在母亲自己名下。后来小 A 结识了男友并结婚，当时两人感情很好，因为不好意思开口，小 A 没有和老公在婚前做婚姻财产协定。

结婚多年后，小 A 的母亲病故，小 A 在母亲没有遗嘱的情况下，按法定继承的方式，一个人继承了母亲的五套房产。而不知何时，她老公知道了这五套房子有他的一半。没有了岳母的约束，又有了财产加持的底气，老公开始放飞自我，并于小 A 母亲过世后不久提出要和小 A 离婚，并分割房产。这让刚失去母亲的小 A 陷入了更深的痛苦。

这个小故事就是典型的因没有遗嘱而发生婚内继承财产风险的案例。

想要避免子女婚内受赠或继承的财产成为夫妻共有财产，可以通过以下方式。

第一，婚前赠与。父母如果希望将财产只留给自己的子女一个人，可以在子女婚前，就将财产赠与子女，因为子女的婚前财产不会因为结了婚而转化为夫妻的共有财产。

第二，婚后赠与一定要签署赠与协议。《中华人民共和国民法典》第一千零六十三条规定，遗嘱或者赠与合同中确定只归一方的财产为夫妻一方的个人财产。[①] 如果子女已婚，那么，可以和子女签署赠与协议，或者在银行转账给子女时添加备注，此部分财产属于子女一人，而非夫妻共有。

这里需要注意，赠与财产时明确将财产归子女一人所有，其主要目的是保障子女婚姻财产的安全，而不应该影响到子女婚姻的和谐。因此，如果父母希望通过和子女签订婚内财产赠与协议给到子女财产，那么可以悄悄去做，而不必让子女的配偶知道。如果自己的子女和配偶的感情很好，这样的约定就不影响夫妻的感情。因为未来万一子女的婚姻发生危机，尤其若此时父母已经不在世，有效的赠与协议就能够很好地保障子女的财产权益，避免离婚时被分割财产。而若子女和配偶的感情很好，这份协议就相当于不存在。

第三，设立遗嘱。父母要意识到，遗嘱是一份普通但重要的法律文

---

① 根据《中华人民共和国民法典》第一千零六十三条：下列财产为夫妻一方的个人财产：（三）遗嘱或者赠与合同中确定只归一方的财产。

书，设立遗嘱本身并没有什么不吉利。设立遗嘱，一方面是梳理自己的财产，避免遗漏，另一方面是可以在遗嘱中约定自己未来的财产归子女所有，与配偶无关。关于这部分的内容，在第四章中会展开阐述。

第四，启用金融工具进行规划。需要注意的是，父母留给孩子的遗产，如果财产形式发生变化，可能会变成夫妻的共同财产。比如女儿在婚前继承了某套房产，但是房子在女儿婚内拆迁了，变成了拆迁赔款，则拆迁赔款就是女儿的夫妻共有财产。同时，遗嘱的内容在传承的过程中有被质疑或推翻的可能。即使没有这些问题，遗嘱也必须是公开的。在父母去世后，若子女的配偶知道对方父母在遗嘱中约定财产仅归自己子女所有，与其无关，可能会影响双方的夫妻感情，因而这个问题是父母在制定遗嘱条款时需要深思熟虑的。

想要将财富全部留给子女，除了用遗嘱规划遗产，还可以同时运用其他工具，比如人寿保险。因为人寿保险的传承是非常私密的，同时指定受益人的保单是个人财产。[①]

但是人寿保险不能解决所有形式的财产在传承过程中产生的问题，因而高净值家庭也可以用家族信托来完成传承规划。设立家族信托的父母可以保证受益人只拥有信托的受益权，而没有信托的所有权，所以它不会成为受益人的婚内共同财产。同时，分配条款也可以约定，只要不离婚，夫

---

① 根据《第八次全国法院民事商事审判工作会议（民事部分）纪要》中关于婚姻家庭纠纷案件的审理部分第5条第一款：婚姻关系存续期间，夫妻一方作为被保险人依据意外伤害保险合同、健康保险合同获得的具有人身性质的保险金，或者夫妻一方作为受益人依据以死亡为给付条件的人寿保险合同获得的保险金，宜认定为个人财产，但双方另有约定的除外。

妻双方都可以享受信托的受益权，即保证对子女以及配偶一视同仁，也不影响双方的感情。但如果子女婚变，则配偶就会失去受益权。这就是通过家族信托规则的设定来促进子女婚姻的稳定，并保障子女的利益。

家族信托有设立门槛以及管理费用，如果家庭情况不是特别复杂，普通的家庭基本不需要启用家族信托。

对于一般家庭，传承的主要工具就是赠与、遗嘱和寿险。如果寿险总保费或保额、现金资产传承的金额超过 100 万元，就建议考虑用保险金信托规划身故后的资金再管理，这些内容在之后的章节中都会展开阐述。

婚姻财产混同

对于婚前财富实力相差较大的双方来讲，即使组成了家庭，富有一方的婚前个人财产永远也不会属于另一方，然而现实生活中的情况会更复杂。比如婚前的股票账户，在婚后仍有频繁操作，因此就无法分清股票账户内的资金是属于婚前还是婚后。如果遇到婚姻危机，就很难确定账户内的股票是否还纯粹地属于一方，于是就有了被分割的风险，这就是我们所说的婚姻财产混同。

我国实行夫妻财产共有制。《中华人民共和国民法典》第一千零六十二条规定，夫妻在婚姻关系存续期间所得的下列财产，为夫妻的共同财产，归夫妻共同所有：（一）工资、奖金、劳务报酬；（二）生产、经营、投资的收益；（三）知识产权的收益；（四）继承或者受赠的财产，但是本法第一千零六十三条第三项规定的除外；（五）其他应当归共同所有的财产。夫妻对共同财产，有平等的处理权。而《中华人民共和国民法典》婚姻家庭编的解释（一）第二十六条又规定，夫妻一方个人财产在婚后产生的收益，除孳息和自然增值外，应认定为夫妻共同财产。

前文有说，婚前财产不会因为结婚而转化为夫妻共有财产，但是，如果没有办法提供证据或者说明哪一些财产是个人财产，哪一些是在婚后共同所得，即婚前、婚后的财产发生了混同，一旦离婚，法院只能将所有的财产都当成共同财产，再进行合理的分割。

近年来，中国的离婚率节节攀升，不少相关案例的焦点都集中在房产分割上。例如，不少父母会在孩子婚前替他支付完婚房首付，然后由孩子去还房贷。在大部分情况下，子女会使用夫妻共有财产来还房贷，那么子女离婚时，即便房产证上只填写了自己的名字，也会面临房产被分割的问题。这样的案例，就是婚姻财产的混同。

此外，一些再婚家庭，或者夫妻间经济实力差距比较大的家庭，都需要警惕因婚后财产发生混同而产生风险。

【案例解析】

小 A 是生活在上海的独生子女，在她结婚前，父母给她买了一套两居室的房子，这套房子的房产证上只有小 A 一个人的名字，属于小 A 的婚前财产。小 A 毕业后就和自己的同班同学结了婚；丈夫来自外省，在上海没有房产。婚后，两人就居住在小 A 的那套两居室里。

结婚几年后，老公表示要为将来的孩子考虑，想把房子换到黄浦区的某个学区房。小 A 同意了他的想法，遂卖掉了这套两居室，将房子换到了黄浦区，房产证上依然只写了她一个人的名字。可是没想到换房没多久，老公因情移他人向小Ａ提出离婚，同时要求将刚换的新房进行分割。

这就是典型的婚后换房导致的财产混同。同样的情况还有金融资产的混同、企业股权的混同等情况。

想要解决婚姻财产混同的问题，可以尝试这些方式：父母先将房产留在自己名下，等去世后再传给自己的子女，并在遗嘱中指定传给孩子一个人；父母提前将房产传给子女，并要求子女在婚前签署婚前财产协议，约定对婚后一些混同财产的处置方式；用人寿保单代替其他金融资产，防止发生婚姻财产混同。

这里值得关注的是，大额保单独立性强，在婚姻财产隔离方面具有天然的优势。

如果财产总量达到了一定的实力，也可以通过设立家族信托，防止婚姻财产的混同。

夫妻共同债务

婚姻财产风险中，婚内债务往往容易被忽视。一些企业家家庭，即便已经积累了一定的财富，但是一旦企业家自身失去赚钱能力，甚至爆发债务危机、银铛入狱、意外离世等，那么给另一半留下的可能就不是财富，而是债务。

在现实生活中，已婚企业家需要贷款时，他的配偶需要共同签署文件，承担债务责任。而妻子如果不看条款直接签字，就会埋下债务风险隐患。

另外，即使配偶没有签字，根据《中华人民共和国民法典》第一千零六十四条规定，一方婚内债务，如果债权人能够证明债务用于夫妻共同生活、共同生产经营或者基于夫妻双方的共同意思表示，也属于夫妻共有债务。[①] 因而，一些表面光鲜的企业家妻子，实则负债累累，是完全有可能的。

【案例解析】

企业家 B 先生和妻子共同经营着一家公司，并拥有一些共同财产。但是，这位企业家却心怀不良企图，他开始将夫妻的共同财产转移到他个人的名下，并增加了夫妻的共同债务，以此来获取更多的财富。他的妻子并不知情，直到有一天企业家 B 先生出逃，她突然发现自己变成了一身债务的受害者，还受到了债主的骚扰和胁迫。为了回归正常的生活，她只能四处借钱还债。

这个小故事，就是由于该企业家有预谋地增加了共同债务，同时转移夫妻共同财产，而对妻子造成了严重的后果。

对于企业家而言，除了全力谋求企业发展，还需要考虑万一自己或企业发生了意外情况，家庭成员是否还有资金可以安稳地生活下去。

对于企业家的另一半而言，也可以从几个方面来保护自己。比如，在签署任何文件时，都要了解清楚文件的内容，以及自己的权利义务。再比如，在配偶创业的同时未雨绸缪，做好部分资产的隔离，至少分割出一部

---

① 《中华人民共和国民法典》第一千零六十四条规定，夫妻双方共同签名或者夫妻一方事后追认等共同意思表示所负的债务，以及夫妻一方在婚姻关系存续期间以个人名义为家庭日常生活需要所负的债务，属于夫妻共同债务。

分用于保障未来家人生活、医疗、养老、教育的需求。

常见的做法是企业家先将部分财产提前赠与自己的父母或者成年的子女，当发生风险时，至少父母或子女名下的那些财产不会被牵连。但是这种方法的副作用是企业家失去了对财产的掌控权，父母离世时还可能发生遗产纠纷。除此之外，还可以选择将部分财产由其他人代持，但这种方式也存在不可控因素。如果代持人离婚、离世，这部分财产有可能会被误认为是代持人真实持有的资产而被代持人配偶要求在离婚时分割，或者代持人的继承人认为代持人代持的财产就是其遗产而要求继承。遇到这些特殊情况，被代持人要证明财产属于自己的话，可能存在困难。

更稳妥的方式就是用人寿保单或者信托等金融工具来提前做好资产的保全。

比如在寿险规划中，让没有债务危机的人持有保单，做保单的投保人，或者在企业经营状况较好时，将保单装入保险金信托2.0，与其他的资产隔离。再或者，为企业家及其配偶配置年金保险，由于年金保单的现金价值很低或没有现金价值，如果发生债务危机，退保不能取得什么保单利益，因而法院无法通过强制执行保单来清偿企业家的债务，而企业家本人及其配偶又能从年金保单中每年获取一定金额的生活保障资金。

信托的解决方案也大致如此，通过提前规划及隔离资产，防止债务危机，满足家人基础的生活、医疗、教育等需求，这是高阶的规划方式。

这里不得不说一个认知误区。一些身负债务、风险聚集度极高的人，特别不愿意再花钱去规划保障。他们会认为：我既然已经负债了，怎么还有钱买保险、做信托呢？

这和风险意识有关。在香港，为了应对可能出现的极端风险，当家庭主心骨增加一笔贷款，比如 1000 万元的房贷，他们往往会选择购买同等金额的寿险，以保障在自身发生极端风险的情况下，家人有能力用保险赔款来偿还房贷，同时维持基本的生活开支。他们以这样的方式保护家人免受债务之累，帮助家庭在不确定的未来中保持稳定。

所以，做好家庭保障规划需要我们提升对风险的认识。帮助大家去提前思考这些重要且紧急的问题，这也是我创作本书的非常重要的初衷之一。

传承风险

对大部分人来说，财富传承，是件重要但不紧急的事情。不少人甚至没有仔细去想过这件事情，而是简单地认为等自己不在了，财产会自然而然地属于下一代。然而现实情况并非如此。《中华人民共和国民法典》第一千一百二十七条规定，在世的配偶、子女、父母都是我们的第一顺序继承人。①

同时，如果当事人的财产多样、结构复杂、分布地域广，也会增加继

---

① 根据《中华人民共和国民法典》第一千一百二十七条，遗产按照下列顺序继承。（一）第一顺序：配偶、子女、父母；（二）第二顺序：兄弟姐妹、祖父母、外祖父母。继承开始后，由第一顺序继承人继承，第二顺序继承人不继承；没有第一顺序继承人继承的，由第二顺序继承人继承。本编所称子女，包括婚生子女、非婚生子女、养子女和有扶养关系的继子女。本编所称父母，包括生父母、养父母和有扶养关系的继父母。本编所称兄弟姐妹，包括同父母的兄弟姐妹、同父异母或者同母异父的兄弟姐妹、养兄弟姐妹、有扶养关系的继兄弟姐妹。

承流程中的不确定性。对于高净值家庭、有跨境移民规划的家庭，或者结构复杂、婚姻关系复杂的家庭来说，传承风险不可不重视。

本节阐述与传承风险相关的继承程序风险、继承人争产风险、继承后财产外流风险。

继承程序风险

父母离世之后，财富并非完全、马上属于自己的子女，而是需要办理复杂的继承程序。而继承程序耗时长，同时还存在诸多的不确定性，这就是我们所说的继承程序风险。

目前，我国继承遗产的方式有两种：第一种是公证继承。即在公证处办理无争议的继承权公证，凭继承权公证书去各个交易中心或者银行办理财产过户；第二种是诉讼继承。即在法院进行诉讼，依法院的判决书办理遗产继承。所有可继承的财产中，比较特殊的是房产，由于部分房产交易中心不需要继承权公证书就可以办理过户，且各家交易中心的规定会有不同，于此不做展开。

当面临遗产继承问题时，无论当事人身故时是否留有遗嘱，大家首先会想到的是去办理公证继承。公证继承存在的问题是如果当事人死亡时间已经过去比较久，并且死亡证明丢失，准备材料就比较困难。同时，为了保证每一位法定继承人的利益，公证继承需要所有被继承人到公证处现场表态，以防继承人出现遗漏。如果有一些亲属已经移居海外或者身体状况不适合到达现场，那么办理继承权公证书就存在困难。

再者，因为公证处会对遗产的总量进行核查，对法定继承人身份进行核实，同时要确认当事人是否留有遗嘱、遗赠、抚养协议等，因而继承程序的时间非常长。

如果在办理公证继承的过程中有无法调解的矛盾，进行诉讼继承是下一个选择。诉讼继承判决后，可以凭判决书直接去办理遗产的继承。一般诉讼继承的时间是三个月到几年不等，同时办理诉讼继承的开支也很大，包括且不限于诉讼费用以及律师费用。

如果走诉讼继承，往往会对亲情关系造成很大的影响。大家都不喜欢对簿公堂，而走入法院后的家人很可能就此反目成仇。

【案例解析】

A先生曾是一位富有的商人，他在去世时留下了不菲的遗产。他在遗嘱中表明希望将其财产分给他的儿子和女儿，但是分配比例并没有具体说明。儿子和女儿因此发生了激烈争吵，双方都认为自己有更高的分配比例。

随着时间的推移，争执变得越来越激烈。最终，女儿向法院提起诉讼，指控自己的哥哥非法窃取遗产。法院开庭后，经调查，确实有证据表明这位哥哥非法转移了部分遗产给自己，而女儿也证明了自己应该获得更高的分配比例。

法院判决将财产进行重新分配，女儿获得了更高的比例，并追回了被哥哥窃取的部分财产。虽然法庭的判决为争议画上了一个句号，但是两个孩子之间的关系已经破裂，家庭氛围也变得非常紧张、不和谐。

对于普通家庭而言，如果财产类型不那么复杂，家庭结构简单，成员关系融洽，继承一般不是什么大问题。而高净值家庭在继承中往往存在不少问题。比如：继承人范围广，召集不易；继承人各有想法，无法达成统一的财产分配方案；没有遗产清单，遗产线索不明，当事人有资产被代持而继承人并不知道；当事人存在多份遗嘱，效力无法确定等。

因此，对于一些特殊的家庭而言，想要避免过于冗长的继承程序，并降低传承中的不确定性，让继承人顺利继承财产，可能没有那么简单。要想针对这些财产继承的潜在风险提前进行合理和科学的安排，我建议尝试以下方式。

第一，考虑在生前就将部分财产赠与自己想要给的人。

第二，情况特殊且复杂的家庭，应尽早做综合规划。

第三，充分考虑家庭情况并设立有效遗嘱，最好对其进行公证。虽然目前公证遗嘱的效力并非最大，但在公证处公证遗嘱时，公证处会记录遗嘱的起草、签署等过程，保证遗嘱的真实性和合法性。同时，公证遗嘱是经过公证处确认和存档的，家庭成员对遗嘱的有效性和内容不容易产生争议。最后，公证遗嘱在公证处存档，而办理遗产继承也是在公证处，对遗嘱的快速调档也节省了时间成本。

第四，定期检查财产内容是否发生变化，自己的意愿是否发生变化，继承人情况是否发生变化，再判定是否有必要对遗嘱内容进行修改。

第五，合理保管遗嘱，不要让家人因为找不到遗嘱而让财产最终面临法定继承的局面。

第六，安排可靠的遗嘱执行人、遗产管理人。2021年1月1日实行的《中华人民共和国民法典》在继承法律制度上有了一大进步。《中华人民共和国民法典》规定了遗产管理人制度，对遗产管理人的职责和权利也进行了明确规定。对于当事人而言，在生前提前为自己安排好忠实可靠、专业干练的遗嘱执行人和遗产管理人，可以有效地减少遗产继承的不确定性，减少家庭纠纷，并切实提升遗产继承的效率。

第七，配置人寿保险。人寿保险的财产独立性很好，定向传承功能明确，同时寿险对于当事人债务有非常好的隔离功能，当事人不用担心自身未来可能的债务问题向家庭蔓延。人寿保险的具体内容会在后续章节中展开。

第八，财产总量高，如可投资资产超过 1000 万元的家庭，若家庭关系复杂，或存在后代的投资和财富管理能力不如父母等情况，建议通过家族信托来安排传承。因为家族信托设立后争议小，无效可能性低。当委托人去世后，信托财产不是委托人的遗产，因而可以隔离身后债务。[①] 同时因为信托的财产独立性好，受益人争产的可能性低。

继承人争产风险

穷人的烦恼一般是没钱，而有钱家庭的烦恼多种多样，比如继承人争夺遗产。

根据以往的一些案例，老夫少妻的再婚家庭、多段婚姻且育有多子女

---

① 根据《中华人民共和国信托法》第十五条：信托财产与委托人未设立信托的其他财产相区别。设立信托后，委托人死亡或者依法解散、被依法撤销、被宣告破产时，……委托人不是唯一受益人的，信托存续，信托财产不作为其遗产或者清算财产……

根据《中华人民共和国民法典》第一千一百五十九条：分割遗产，应当清偿被继承人依法应当缴纳的税款和债务；但是，应当为缺乏劳动能力又没有生活来源的继承人保留必要的遗产。

的家庭、婚姻关系复杂的家庭，当男性去世后，继承人之间争夺遗产的可能性往往高于普通家庭。此外，还有一种常见的争夺遗产的情况，是在子女离世后，配偶年轻而第三代尚幼，父母担心子女的配偶再婚导致财产外流，进而和子女配偶争产的。

【案例解析】

B先生在父亲再婚后有了继母，但是B先生与继母相处得并不愉快。B先生的父亲去世后，留下了一处房产和一笔不菲的存款（这部分遗产不属于父亲与再婚妻子的夫妻共同财产）。按照法律规定，作为仅剩的两位第一顺序继承人，B先生和继母应该各分一半遗产。但是，继母并不愿意将财产分给B先生。

B先生继母声称，B先生父亲在生前曾经许诺，将财产全部留给她，并留有遗嘱。B先生和他的生母对此十分不满，因为这些财产大部分都是B先生的父亲再婚前一点点积累下来的，而继母并没有为此付出过什么。

然而，B先生继母向法院提起诉讼，试图将财产全部分到自己的名下。

由案例可见，在一些继父母与继子女关系紧张的高净值家庭中，当作为主心骨的男性去世后，继父母与继子女很容易因为争产而对簿公堂。

这些都是在传承过程中不可控的因素。继承人往往是我们身边最亲的人，我们都希望财富可以带给他们希望和快乐，而不是纷争和无休止的矛盾。所以，我们需要预先考虑到这些可能发生在未来的家庭危机，未雨绸缪，同时设计出一些相对公平的分配方案。

想要避免家人在遗产继承中的纷争，减少家人的矛盾，使家庭成员更团结和睦，我建议尝试这些方式。

第一，财富规划中做好父母的养老安排，必须让父母老有所依、老有所养，给父母一个安逸的晚年。

第二，保护弱势继承权人的权益，比如未成年子女。因为他们缺乏保护自己的能力，如果不对他们做周全的规划和安排，那么他们会因为不具备和其他强势的继承人同等的竞争能力而丧失应获得的权利。

第三，为配偶做好未来的保障。尤其需要为其提前做好医疗规划及养老的现金流的准备。企业家家庭，如果不希望配偶参与到公司经营中来，可以多留股权之外的非经营性资产给配偶，避免配偶因继承获得股权。但同时，一定要给予配偶足额的保障，防止配偶因不满意财产分配方案而引发家人间的争产纠纷。

划重点，即使企业家在婚前和配偶签订过婚前财产协议，约定了婚后财产的处置方式，这份协议也并不能够排除配偶未来的遗产继承权利，不能否认她的继承份额。所以，如果企业家对婚姻财产及未来事业的传承规划足够全面，除了签订婚前财产协议，还必须同时做好遗嘱等身后财产的规划。

第四，预留足够的现金流。一些高净值家庭的财产，往往以非流动性的资产为主，比如房产和股权，而现金流准备得较少。如果在继承过程中发生家人争产，那么所有资产在完成继承手续之前都没有流动性，其间若有诉讼发生，还会产生高额费用，此时家人可能会陷入现金流告急的危机，甚至生活都会陷入困境。所以预留足够现金流应对传承中的不确定性非常重要。这方面的规划，指定受益人的寿险无疑是最佳的工具。

第五，用几份遗嘱规划不同类型的资产，并避免所有资产都以遗产方式传承。因为继承程序是公开的，同时需要所有继承人的参与，如果继承人不同意分配方案，遗产继承将会陷入僵局，导致所有遗产长时间无法完成继承，这是当事人不愿意看到的情形。因而可以针对不同类型的资产设立不同的有效遗嘱，对于没有争议的遗产，继承人可以先办理继承，而有争议的遗产大家再行商量或走判决流程。此外，用几份遗嘱规划不同类型的资产也是避免遗产传承争议的方案之一，因而了解其他传承工具并做合理规划尤为重要。

继承后财产外流风险

财产被继承之后外流，是传承中的又一风险。具体主要有以下几种情况：

第一，父母继承后财产外流。比如一对夫妻组成了小家庭，妻子不幸先于她的父亲去世，她的父亲有一个再婚配偶，且父亲还有其他子女。在这种情况下，如果父亲的再婚配偶和其他子女要求父亲继承已去世女儿的遗产，而父亲也坚决不放弃女儿的遗产，那么对于这个小家庭而言，父亲的继承就意味着这部分财产不再属于这个小家庭，这就是父母继承后财产外流。

第二，继子女继承后财产外流。《中华人民共和国民法典》规定，有扶养关系的继子女也是第一顺序的继承人。[①]

如果继子女和继父母长期共同生活或者有经济上的来往，那么最终可能也属于法定继承人之一。而一般当事人更希望财产可以留给自己的亲生子女而非再婚配偶和前任的孩子。而财产被继子女继承后外流，也是高发的一个风险。

第三，非婚生子女继承后财产外流。《中华人民共和国民法典》第一千零七十一条规定，非婚生子女享有与婚生子女同等的权利，任何组织或者个人不得加以危害和歧视。比如，当男性当事人去世之后，非婚生的子女可以以法定继承人的身份获得遗产。若此时孩子未成年，母亲作为孩子的监护人，也是遗产的实际持有人，若其嫁人或再生育，当事人的财产可能会流入另外一位男性手中。

第四，配偶继承后财产外流，其中比较典型的是老年再婚人群和配偶间的继承风险。再婚老人，明事理的或者希望让子女安心的，一般会在婚前签订财产协定，约定婚后财产归各自所有。但是通常他们不会想到，这样只是约定了婚前财产，而无法排除再婚配偶继承共同财产的权利。如果不做遗嘱或其他身后安排，先去世的一方，其子女有可能要面对父母再婚后遗产损失的局面。

---

① 　根据《中华人民共和国民法典》第一千一百二十七条：遗产按照下列顺序继承：（一）第一顺序：配偶、子女、父母；（二）第二顺序：兄弟姐妹、祖父母、外祖父母。继承开始后，由第一顺序继承人继承，第二顺序继承人不继承；没有第一顺序继承人继承的，由第二顺序继承人继承。本编所称子女，包括婚生子女、非婚生子女、养子女和有扶养关系的继子女。本编所称父母，包括生父母、养父母和有扶养关系的继父母。本编所称兄弟姐妹，包括同父母的兄弟姐妹、同父异母或者同母异父的兄弟姐妹、养兄弟姐妹、有扶养关系的继兄弟姐妹。

我们可以通过以下方式来提前规划，避免财产被继承后又流入外人手中的情况。

第一，科学规划。科学规划的要点是"规划"。虽然可能一开始做得比较差，考虑不够充分，但初次规划是内心深处埋下的一颗种子，传承规划的意识会逐渐开花结果。等未来想法更成熟了，方案可以再调整。

第二，签署有效的婚姻财产协定，明确婚后财产的归属。

第三，尽早设立有效遗嘱。遗嘱是兜底的传承工具，在传承问题上，如果不希望财产外流，就要通过设立遗嘱来规划不适合用其他工具规划的财产。

第三，以非遗产方式传承部分财产。遗产继承程序耗时过长，手续烦琐，并且多多少少存在不确定性。放眼全球，遗嘱的替代工具包括赠与、人寿保险、家族信托以及家族基金会等专业传承工具，这些都属于更高阶的财产传承规划方式，各有各的优势。

第四，考虑各方感受，有针对性地赋能。比如，有婚外子女的企业家，在妻子知情后要安抚好其情绪，并充分保障妻子婚内的权益，对非婚生子女的母亲，则给予合理的安置和补偿。同时，给予非婚生子女合理的生活安排及教育保障，以避免其成年后介入家族，对家族核心资产进行争夺。

第五，传承方案必须无法推翻。因为遗产规划的目的是希望让生活更加完整、更加圆满，婚姻更加稳定，家人更加团结和睦。财富规划的终极目标是考虑每位成员的特点，让财富有针对性地为他们的幸福生活赋能。而人性都有阴暗和自私的一面，如果传承方案存在漏洞，而继承人又发现了撼动规划的机会，也许会引发人性的弱点。

总的来说，在做财产传承规划时，必须考虑到方案的合法性、合理性、有效性，要尽量做到让每一个家庭成员都满意，并妥善保存，让制定的传承方案绝对无法产生争议。当继承人们知道无法撼动当事人生前已经规划好的方案时，人性的弱点可能就会被最大限度地压制。

企业经营风险

不少企业家天生有很强的风险偏好，防守意识较弱，当风险来临时，往往措手不及，因而风险规划值得引起每一位企业家重视。本节的主要内容是企业经营风险，分别是经营风险、税务风险和债务风险。

经营风险

经营企业在全球都属于高风险活动。每家企业从成立的那一刻开始，就伴随着各类经营风险，具体如下。

第一，政策风险。政府的政策是影响企业发展的重要因素。现实中，国家战略的改变、地方性政策的改变，都会对企业经营产生重大的影响。利好政策可能会带给一个企业，甚至是行业飞速的发展；但利空政策带给企业的可能是巨大的挑战，甚至失败。

第二，行业风险。科技的发展、市场的变化，会导致很多行业被完全颠覆，一些职业在未来会面临消失的可能。用智能手机叫个滴滴打车，车上顺便吃一份刚用饿了么点来的外卖，放在 20 年前简直让人不敢想象。又如当下大火的 ChatGPT[①]，更是让大家意识到，很多职业将在未来被 AI（Artificial Intelligence，人工智能）所代替。科技的发展、市场的变化，都可能会对传统行业产生毁灭性的打击。

第三，自然灾害。在全球气候变化的背景下，自然灾害发生的可能性进一步加大。2021 年 7 月，河南省遭遇历史罕见特大暴雨，全省死亡失踪398 人，直接经济损失达 1200.6 亿元，其中郑州损失 409 亿元，占全省的34.1%。在这场特大暴雨灾害中，河南全省受灾地区多、范围大、灾情重，当地不少企业的经营也陷入了困境，这就是典型的由自然灾害带来的风险。

除了以上的风险，企业经营还面临金融风险、战略风险、合规风险、财务风险、市场风险、产品风险、人员风险、组织风险、公关风险等，此处不再赘述。

税务风险

本杰明·富兰克林（Benjamin Franklin）曾说："唯有死亡与税收不可避免。"依法纳税是企业和公民的义务。而一些企业却在税务筹划方面存在问题，这将导致企业面临未来被补税、罚款的局面。

这里我们简单讨论下金税四期。金税四期是中国实施的金税工程计划的第四期，是第三期的升级版本。从 1994 年开始税改至今，金税一期是人工核查，金税二期推行了防伪税控系统，金税三期做到了网络互联、以

---

① ChatGPT，全名 Chat Generative Pre-trained Transformer，是美国 OpenAI 研发的聊天机器人程序，于 2022 年 11 月 30 日发布。

票控税，而金税四期的核心则是"以数治税"。

金税四期与金税三期相比，纳入了"非税"业务，搭建了企业信息联网核查系统，实现了财税、银行、企业等各部门之间信息的联通和共享，方便各部门及时跟踪企业纳税情况，如图2-1所示。

图2-1 金税三期与金税四期比较

未来的税收征管改革，在各个归口的数据会以数字化呈现。把这些数据落到统一平台上，税收监管会更加透明，企业和个人的涉税行为将无所遁形。纳税人"一人式档案"，将实现从"人找数"填报到"数找人"确认的转变。因而，未来任何有瑕疵的税务筹划都逃不过税务局大数据的分析，也许在不久的将来，税务局将是最懂大家的机构。因此，即使要用税筹方案，也要注意四流合一等各种合规事项，谨防未来爆发税务风险。

债务风险

债务风险一般会在企业经营失败后发生，而我国的有限责任公司制度在现实中很难阻断企业的债务危机向企业家家庭传导，因此企业家在经营的过程中很容易刺穿有限责任。[①] 同时，在企业融资过程中，企业家及其配偶都需要签字对企业债务承担连带责任。

因而，当企业债务危机爆发且向企业家的家庭传导时，整个家庭都可能会陷入债务的漩涡，导致家庭资产被查封、冻结，甚至被强制执行。关于债务风险的解决方案，在本章第一节夫妻共同债务部分曾展开阐述。

每个行业都有其特殊性和专业性，企业的经营者通常也都是这个行业的专家。虽然企业经营的成功或失败，本身是正常的社会现象，但落到某一个家庭中，就是百分之百的危机，因而我建议有智慧的企业家要提前做好风险防范的预案和应对危机的准备。企业经营危机的爆发最终可能会对整个家庭造成毁灭性的打击，比如影响老人的医疗保障、养老计划，影响孩子的教育质量、身心健康，影响夫妻之间的和谐关系，等等。

在此，我从风险规划的角度，提供给企业家家庭一些有普遍意义的风险管理思路。

第一，了解风险并制订应对计划。企业家需要具备商业洞察力和风险意识，及时发现或识别可能面临的风险，并制订相应的应对计划。比如，多元化布局可以降低企业对某个行业或市场的依赖性，减轻市场风险和经

---

① 根据《中华人民共和国公司法》第六十三条：一人有限责任公司的股东不能证明公司财产独立于股东自己的财产的，应当对公司债务承担连带责任。第二十条：公司股东滥用公司法人独立地位和股东有限责任，逃避债务，严重损害公司债权人利益的，应当对公司债务承担连带责任。

营风险的影响。

第二，提高企业治理水平，注重提升自身素质及能力。企业家需要具备清晰的思维、果断的决策能力和坚定的执行力，能够快速应对和适应复杂的市场环境。同时，卓越的人际交往能力和团队管理能力也很重要，企业家需要建立稳定和谐的企业团队，共同应对风险挑战。

第三，顺境时理性，避免骄傲；逆境时沉着，不言放弃。顺境时企业家要保持清醒的头脑，不被成功冲昏头脑，不盲目自信，避免做出投资和经营管理上的错误决策；逆境时企业家要保持沉着冷静，坚定不移地前行。

第四，和平处世，与人为善。企业家要大度、包容、有远见，尽量避免与家人、股东、员工或者对手发生矛盾。矛盾激化会产生不必要的纷争，甚至导致被举报入狱或发生极端人身意外。

第五，居安思危。市场与风险不可控，提前做好危机管理是优秀企业跨越生命周期的关键所在，提前考虑这些问题，越早做准备就越好。企业家要不断地学习和思考，提高自身应对危机的能力。

第六，建立有效的风险管理体系。企业家需要建立有效的风险管理体系，全面识别和评估企业各个方面的风险，并采取措施控制和降低风险对企业的影响。及时监测和反馈风险情况，不断完善风险管理体系，提高有效性。

第七，尽早分割家庭生活所必需的资产。在企业经营状况、财务状况较好的时候，就应该剥离部分资产，用于保障家人的基本生活。需要注意的是，在企业家家庭的资产保全与债务隔离计划中，常见的方式有转移资产、代持资产，甚至假离婚等。这样的规划方案虽然在实践中有可能起到暂时逃避债务的目的，但是这些方法都是存在法律漏洞的，一旦被查实，就无法真正实现资产保全、债务隔离。

因而，在风险规划过程中，建议咨询专业的律师、税务顾问以及财富管理专家，同时合理运用在全球范围内被公认具有法律属性的金融保全工具，比如人寿保险、家族信托、家族基金会等，有规划、有重点地帮助家人做好养老保障、教育保障、居住保障等规划，这种才能守好家人幸福的最后一道防线。

虽然对于家庭成员来说，物质生活品质不是唯一的幸福源泉，但稳定的物质保障，是整个家庭安身立命的基础，也是企业家创业最基本的目的。

同时，全面的风险规划能让家人感到安全、稳定和幸福，反过来家人也能更好地支持企业家发展事业，为企业经营带来积极影响。

跨境风险

一些高净值人士可能会通过身份规划，比如选择移民，对家庭资产进行全球化配置。但这样的国际化布局也存在一定的风险。

一些非常热门的移民目的地，比如美国、加拿大、英国等发达国家，都是高税率国家。一旦所有家庭成员都移民到这些国家，税务筹划的空间就变得非常小。而国际税法领域复杂度很高，不同国家和地区都有不同规定，所以，在身份规划前，可以寻求专业的律师、税务专家、财富管理人士的共同参与和帮助，在布局全球资产及身份时一并考虑税务筹划和资产传承，使整个规划变得更加周全。跨境规划的风险容易被忽略，本节将简述三种常见的与跨境相关的风险。

跨境投资的税务风险

全球化投资和资产配置，已经是不少高净值人士和部分中产阶层的标配。这些人士应该更加重视境外投资的税务合规问题。

通过英属维尔京群岛、开曼群岛、中国香港等地进行境外投资的主要目的是降低税负。但是，在国际社会反避税的呼声下，这些地区已开始要求企业参与国际涉税信息的情报交换，这将增加税务的合规成本及风险。

对于中国居民个人控制的设立在英属维尔京群岛、开曼群岛等地的公司，其取得的股权转让、分红所得等，尽管没有分配给中国居民个人，但未来在国内也有可能会被视为已分配，并征收个人所得税。

同时，一些国家和地区的税法非常复杂，任何投资都可能会让投资者在纳税方面遇到麻烦。高净值人群在投资前需要考虑并了解如何处理这些问题。例如，一位中国企业家想要投资美国的房地产。他需要了解美国的税收制度，包括联邦税和州税，以及投资房产所涉及的税务问题。他需要知道在美国购房是否需要缴纳资本利得税，以及如何报税。此外，他还需要了解中美之间的税务协定，以避免重复纳税。

想要了解跨境投资会产生哪些税务问题，并降低跨境投资的税务风险，高净值人群可以寻求专业的税务顾问咨询的帮助，请他们协助处理税务问题。税务专家可以为投资者提供定制的税务解决方案，并帮助投资者在各个国家遵守相关税务法规。

跨境的税收居民身份

即便已经取得境外护照或者获得了国外的永居身份，但中国居民在中国的税收居民身份不一定就此改变。因为在我国，一个人的税收居民身份是由他的居住时间和财产所在地决定的。因此，即使拥有境外护照或国外的永久居留权，只要仍然在中国居住并拥有财产，就仍然要履行在中国纳税的义务。

而要改变自己的税收居民身份，是一个复杂的大工程，一定要根据相关国家的国内税法、双边税收协定以及每个家庭成员的未来发展、年龄、婚姻等具体情况综合考虑和规划。

目前，虽然我国没有退籍税一说，但在注销户籍前，我国已经要求办理纳税申报、清算税款。因而在规划国际身份前，进行适当的税收规划，根据实际情况做一些布局，从而实现国际税收的优化，十分有必要。

跨境资产的传承风险

传承风险也是跨境资产的风险之一。投资者在进行跨境投资时，最好同时考虑该如何保护自己的资产并将之传给下一代。而由于不同国家的继承法律和税收制度不同，跨境资产的传承通常都非常复杂。

为了避免跨境资产的传承风险，投资者需要了解跨境资产在传承中的障碍，并采取应对措施。跨境资产传承，可以大致分为中国人继承境外资产和已是外籍的继承人回国继承境内资产两种情况。

首先，中国人继承境外资产时，需要注意两个问题。

一是继承境外资产的法律程序复杂。

《中华人民共和国涉外民事关系法律适用法》第三十一条规定，法定继承，适用被继承人死亡时经常居所地法律，但不动产法定继承，适用不动产所在地法律。

也就是说，如果当事人在全球都持有不动产，在其死亡时，继承人要依据当地的法规进行不动产继承。而相关的语言、取证、法律法规等问题，都是继承人在继承海外资产时绕不过的障碍。如果当地法院还要求继承人前往现场办理继承手续，则时间成本和效率对继承人来说都是头痛的问题。

而如果当事人立有遗嘱，则不但需要考虑我国的法律法规，还要考虑房地产所在地的法律规定。而各个国家对遗嘱的订立格式、法律适用、效力等都有明确的规定，且可能差异较大。

因此，拥有海外资产的人士有必要尽早梳理海外资产并做好继承规划，因为和未来可能面临的高额税费、时间成本，以及继承困难相比，前期的投入可能微不足道。

二是继承跨境资产的流程烦琐、时间冗长。

即使当事人的遗嘱合法有效，继承人之间也没有纷争，要想走完海外资产继承的流程还需一步步来。其间，因为与外国办事机构人员可能存在沟通困难以及时差等问题，会降低整个继承流程的效率。同时，资料的准备、手续的办理、专业人士的聘用，都会耗费继承人大量的金钱和时间。

其次，已是外籍的继承人回国继承境内资产时，一般按照以下的流程办理[①]：

一是继承人在我国办理公证书，证明继承人与被继承人的亲属关系等。

二是向居住国外交部或者其指定机构办理公证书的认证。

三是向中国驻该国的大使馆或领事馆办理公证书的认证。

四是携带该公证书、相关证件及其他相关资料在中国公证处办理继承权公证或者向有管辖权的法院提起继承诉讼，这个流程和国内的继承程序基本一致。

五是取得继承权公证书或法院判决书后，向相关金融机构或者财产登记机关请求办理财产的继承过户。

以上五个步骤，是我国境内涉外继承的基本程序，如果牵涉到一些特殊的财产，还会有相应的特殊程序。

比如，外国人继承中国上市公司的股权，需要外国继承人先申请开立股票交易账户，然后再申请股票的非交易过户，并需要遵循中国证券交易的相关法律法规。

又如，无论是继承上市公司还是非上市公司股权，如果牵涉外资限制或者禁止的行业，则不能直接办理继承，而需要在法律框架内变通解决。

关于涉外继承的税费问题，我国税法并没有什么特殊的规定，与国内继承的相关税费标准基本一致。

---

① 吕旭明. 跨境财富传承与家族信托筹划实务 [M]. 北京：法律出版社，2019：101.

关于继承的财产在申报出境时的外汇管制问题，我国法律规定：外国人继承所得的财产是可以通过继承的方式正常申报出境的。但要注意，必须提供财产来源证明与资产的完税证明，就是被继承人的财产来源证明和被继承人取得该财产时是否已经依法纳税的证明（而不是继承程序中是否已经完税），而完税证明是部分高净值人群难以提供的。

总的来说，跨境投资的税务风险、跨境的税收居民身份以及跨境资产的传承风险都是跨境投资者需要关注的重要问题。只有避开或减少这些风险所带来的后顾之忧，才是更全面及合理的跨境规划。

其他风险

除了上述风险外，还有一些其他的守富和传富风险需要我们注意。这些风险可能会在我们没有预料到的情况下，给我们的家庭和财产带来重大的损失。

比如健康风险。生病或意外事故可能会让家庭陷入财务危机。因此，我们需要考虑如何进行健康规划，以及了解如何应对失去主要经济支柱的风险。

比如投资风险。投资是保值增值的一种方式，但也存在着潜在的风险。投资市场的波动性和不确定性可能会导致投资失败。因此，我们需要进行合理的投资规划，根据自身情况和风险承受能力，选择适合自己的投资方式。

比如法律风险。如果家庭成员面临法律诉讼或纠纷，可能会带来不可预见的后果。因此，我们需要了解法律风险并规划如何应对。

总而言之，风险规划是长期的，需要我们运用智慧，结合自身情况和风险承受能力来规划，以保护自己的家庭和财产。

03

赠与：
生前传承工具

财富传承，最简便和确定的方式就是赠与。如果我们手中有一些财富想要给到确定的人，但又不太方便让其他人知道，或者担心在身后传承时存在不确定性或者纠纷，那么，在生前就将财富进行赠与，应该是个很好的方式。

赠与是个人生前最基础的传承方式。作为财富的拥有者，在活着的时候就将财富赠与自己想给予的人，确定性非常高，流程简便，也有税费的优势。本章就从赠与展开，说说其在财富传承过程中能产生的作用。

什么是赠与

赠与的特点

赠与是赠与人将自己的财产给予受赠人，受赠人表示接受的一种行为。这种行为的实质是财产所有权的转移，也是个人在活着的时候转移财富最常见且最简单的做法。

赠与人可以通过转账、过户等方式，将房产、现金及其他类型的财产赠与自己的儿女，或者是其他自然人、机构甚至国家。这种方式的受赠方的范围非常广泛，确定性也很高。

从传承角度来看，赠与使得该笔财产不会成为遗产，而是在自己状态非常好的时候，就已经按照个人的意志实现了财产所有权的转移，很好地实现了财富转移时的保密性，减少了未来可能产生的财产纠纷。

同时，将财产赠与他人的程序简单、成本较低，一直以来都是财产处分的重要方式之一。

赠与人的权利与义务

赠与人的权利主要包含以下五项：

第一，财产转移前的撤销权。《中华人民共和国民法典》第六百五十八条规定，赠与人在赠与财产的权利转移之前可以撤销赠与。经过公证的赠与合同或者依法不得撤销的具有救灾、扶贫、助残等公益、道德义务性质的赠与合同，不适用前款规定。即在以上的情况下，赠与人不得行使任意的撤销权。

第二，约定受赠人需要履行义务。这一条非常重要。赠与人在赠与合同中可以附加受赠人的义务，即设立附条件的赠与，另一方在接受赠与后需要按约定履行义务。如果另一方不履行接受赠与后的义务，赠与人可以要求撤销赠与。虽然在实践中，要撤销赠与难度很高，还可能面临各种特殊情况的存在，比如赠与的房产已经被出售等，但是，约定另一方需要履行义务，是对受赠人的提醒，也是赠与人保护自己的一种方式。

第三，特殊情况下的法定撤销权。《中华人民共和国民法典》第六百六十三条规定：受赠人有下列情形之一的，赠与人可以撤销赠与：（一）严重侵害赠与人或者赠与人近亲属的合法权益；（二）对赠与人有扶养义务而不履行；（三）不履行赠与合同约定的义务。

但需要注意的是，赠与人的撤销权，自知道或者应当知道撤销事由之日起一年内必须行使，否则撤销权丧失。

第四，赠与人的继承人或者法定代理人的撤销权。这是《中华人民共和国民法典》第六百六十四条的规定：因受赠人的违法行为致使赠与人死亡或者丧失民事行为能力的，赠与人的继承人或者法定代理人可以撤销赠与。

赠与人的继承人或者法定代理人的撤销权，自知道或者应当知道撤销事由之日起六个月内行使。《中华人民共和国民法典》第六百六十五条规定，撤销权人撤销赠与的，可以向受赠人请求返还赠与的财产。

第五，穷困抗辩权。赠与合同成立而赠与财产的权利尚未完全转移前，如果赠与人自身的经济状况发生显著恶化而影响其日常生活开支的，可以不再履行赠与义务。

赠与人的义务包含以下三项：

第一，协助办理相关手续。赠与给另一方的财产，依法需要办理登记或者其他手续的，赠与人应当协助其办理有关手续，比如房屋过户等。

第二，交付赠与财产。

第三，承担瑕疵赔偿责任。《中华人民共和国民法典》第六百六十二条规定，赠与的财产有瑕疵的，赠与人不承担责任。附义务的赠与，赠与的财产有瑕疵的，赠与人在附义务的限度内承担与出卖人[①]相同的责任。赠与人故意不告知瑕疵或者保证无瑕疵，造成受赠人损失的，应当承担赔偿责任。

受赠人的权利与义务

受赠方的主要权利是要求赠与方交付财产。当获得财产的所有权后，受赠人可以决定如何使用和处置这份财产，例如出售、转让或者再次赠与他人。

受赠方接受的赠与如果是附条件或义务的赠与，需要尊重赠与人的意愿履行义务。如果违反了赠与人的要求或规定，可能会面临相关的法律责任和纠纷。

受赠方还需要考虑赠与可能会带来的影响和风险。例如，如果赠与的财产需要维护和管理，受赠人可能需要花费一定的时间和金钱来处理这些事务。此外，如果赠与的财产存在潜在的纠纷或争议，受赠人可能需要面对相应的风险和挑战。

因此，受赠人需要认真了解赠与的权利和义务，并根据具体情况采取相应的措施来管理和处理赠与所带来的风险。

---

① 出卖人指卖出东西的人。出卖人具有交付标的物，转移标的物所有权，确保标的物无瑕疵，按约定期限、地点、方式交付标的物等义务。这里指附义务的赠与，如果赠与的财产有瑕疵，赠与人要像出卖人一样承担责任。

赠与的优势

在一些国家和地区，对于赠与财产的行为，每年有一定的免税额。因此在这些国家和地区通过赠与财产的方式，父母逐年将财富赠与子女，可以享受多年的免税额，从而降低税负。同时，在生前就将财富赠与子女，相当于降低了父母身故后的财产总额，也就是应纳税遗产总额，从而达到既降低赠与税，又降低遗产税的目的，能优化整个家庭在财富代际传承中需要承担的税负。

中国并没有开征遗产税以及赠与税。目前，赠与在我国家庭财富规划中的主要优势是实现财产转移的私密性及确定性，使当事人能在良好的状态下，按照自己的意志进行财富传承或转移，从而减少未来的不确定性和可能发生的纠纷。具体来说，通过赠与财产的方式进行财富的转移，主要有以下六个方面的优势：

第一，实现财产转移的私密性。从某种意义上来说，赠与财产的过程可以不被第三方知晓，因而赠与的过程可以是非常私密的。

第二，税收规划。我国目前没有开征赠与税，也没有遗产税，但是未来是否会开征是未知数。当下赠与的财产，避免了未来这两种税收征收的可能。

第三，赠与对象范围更广。遗嘱、寿险和家族信托的传承，都有法规和继承人身份的限制。而生前赠与，赠与人可以通过转账、过户等方式，将财产赠与自己的儿女，或者其他自然人、机构甚至国家。从某种意义上来说，受赠人的选择范围更广、更灵活。

第四，债务规划。在生活风平浪静时赠与他人财产，多年后如果赠与人发生与财产相关的危机，已经赠与的财产可能不会被冻结或追回，因而赠与能达到债务规划的作用。但需要注意的是，任何以避债为目的的规划都有可能会面临撤销。

第五，高效传承。遗产继承存在不确定性，法定继承、遗嘱继承或者诉讼继承，都会耗费时间和金钱，也可能引发人性的弱点。但是，生前赠与可以避免这些问题的发生，当事人在最清醒的时候，就按照自己的意志完成了财产的分配。

第六，减少遗产纷争。随着人口老龄化问题以及近十多年来房产的增值，遗产纷争已经成为一个非常复杂和敏感的问题。不少家庭在遗产继承时发生了矛盾和纠纷，而生前赠与可以避免这些问题的发生。比如，当事人在生前根据子女不同的情况以及对他们未来发展的期待，将不同类型的财产赠与不同的子女或家庭成员，并在生前和大家交代好赠与这部分财产的原因，这有助于避免家庭成员之间的纷争和矛盾，减少将财产放到身后去传承时，因遗产分配不均而引发不必要的法律纠纷的可能性。

综上所述，生前赠与在财富转移及传承中所具备的优势是多方面的。

巴菲特的赠与规划

沃伦·巴菲特（Warren Buffett）是一位著名的投资家和慈善家。他在2006年宣布，将会通过赠与方式将他的财产转移到比尔及梅琳达·盖茨基金会（Bill and Melinda Gates Foundation）和他自己的三个孩子的基金会。

在这次赠与中，他将他持有的伯克希尔·哈撒韦公司的价值超过 300 亿美元的大部分股份，分别赠与这几个基金会。

通过这种方式，巴菲特成功地将自己的财富传承给下一代，同时也为慈善事业做出了重大贡献。他的慈善基金会将用这些资金来支持世界各地的教育、医疗、公共卫生、灾难救援和其他慈善事业。

此外，巴菲特在赠与财产时，也遵循了法律规定，保证了赠与的合法性和合规性，并在赠与过程中与家人进行了充分的沟通和协商，避免了不必要的纠纷和争议。

巴菲特的赠与规划案例告诉我们，一个成功的赠与规划需要慎重考虑、精心设计，不仅应符合法律规定，而且要目光长远。同时，他的故事为我们提供了一种将财富传承给下一代的方式，也鼓励我们积极参与慈善事业。

赠与的不足之处

如前文所述，赠与具备私密、能够实现赠与人的真实意愿等优点，但它的缺点也显而易见，主要体现在以下六个方面。

第一，控制权的丧失。赠与行为完成后，财产的所有权就发生了变化。赠与人将不再控制这笔资产，这是大部分人不愿意的。即便是附条件的赠与，在赠与完成后再想要回资产，在实务中也会面临较大难度。这是大部分人最担心的问题，因而在生前掌控资产，在自己身故之后，再将财产交由自己的子女继承，是大部分父母的真实意愿。

第二，赠与人无法解决受赠方没有能力管理财产的问题。当赠与人将财产赠与了受赠方，受赠方如何使用资产，是否有能力管好资产，是不确定的。赠与的财产如果在受赠方的控制下面临损失或无法按照预期使用，赠与人能采取的措施较为有限。

第三，无法保障赠与人的生活。赠与人赠与另一方财产后，会导致自己的财富总量下降，进而可能引发自己的生活品质下降，因而规划赠与财富的多少需要事先仔细考量，以保障自己的基本生活品质为前提。

第四，赠与可能受到法律的限制。如果赠与违反公序良俗，或者私自赠与第三方的财产属于夫妻共有的财产，赠与行为可能会被判定无效。比如某人私自将夫妻共有的财产赠与自己的"小三"，配偶得知以后，可以要求追回赠与的财产。

第五，可能引发家庭矛盾。比如赠与的规划存在偏心，让某一家庭成员明显感到不公平时，可能会提前引发家庭成员之间的争执和矛盾，对家人间的关系产生影响。因而赠与行为要尽量考虑多方的感受。

第六，税务问题。赠与的财产如果涉及税务问题，如个人所得税、股权转让所得等，如果没有合理的规划和缴纳，在未来都是潜在的风险因素。

综上所述，赠与作为财产转移及传承的一种方式，需要综合考虑各种因素，特别是需要注意风险控制、法律规定、家庭矛盾等方面的问题，以确保赠与行为的有效性，同时保证自己生活的质量，并降低财产的不可控性。

地产大亨的赠与

美国曾有个房地产大亨，叫莫里斯·拉博兹（Maurice Laboz）。他在生前通过赠与的方式将其房地产投资公司的股份转让给了自己的两个女儿，每个女儿分别获得公司 49% 的股份。他同时还赠与每个女儿一栋价值超过 800 万美元的豪宅和每年 120 万美元的生活费用。

然而，莫里斯·拉博兹并没有考虑到他女儿之间的关系，以及她们的配偶和后代在资产赠与中可能产生的影响。当他去世后，两个女儿陷入了长达 7 年的诉讼，只为争夺公司的所有权。此外，莫里斯·拉博兹的前妻声称他的赠与行为违反了他们离婚时达成的协议，从而试图将部分财产纳入遗产分配。这一诉讼过程非常漫长，费用异常昂贵，最终导致公司资产大量流失，公司的价值也大幅下降。

这个故事说明，在规划赠与财产时，不仅需要考虑到赠与对象本身，还需要考虑到赠与对象的家庭和社交关系，以及各种潜在的法律问题和可能会产生的纠纷。因此，在进行赠与规划时，建议寻求专业的财务和法律顾问，以确保赠与计划的成功实施。

赠与规划怎么做

赠与的误区

在开始做赠与规划前，我们需要了解有关赠与的一些常见认知误区。

误区1：财富只能在身后传承。

传承分生前传承和身后传承。身后传承的主要方式有遗嘱、寿险，而生前传承的方式就是赠与。财富不但能在身后传承，在自己活着的时候也可以完成财产的转移。

误区2：只有富人需要规划赠与。

许多人认为赠与只适用于有大量财产的富人，但实际上赠与对于财产规划是普遍适用的，无论财产规模大小，都可以通过赠与来实现财产传承。

误区3：赠与会完全丧失控制权。

赠与并不意味着自己完全失去了对财产的控制权。做赠与规划可以签订赠与协议，并在协议中约定赠与的条件，比如受赠一方应该如何使用赠与财产等。虽然撤销赠与存在一些难度，但从一定程度上是对受赠一方的约束提醒。

误区4：赠与仅对赠与人产生负面影响。

赠与会对受赠人的财务状况产生影响，但是合理的财产赠与可以为受赠人带来很多好处，比如确保自己创造的财富被后代享用、给后代带来快乐等。

赠与规划怎么做

要确保赠与行为合理合法且有效，需要注意以下几个要点。

第一，赠与人应当具备完全的民事行为能力，清楚并了解赠与是自己的真实意思表示。同时，赠与行为必须是双方的真实意思表示。如果一方愿意赠与，而另一方并不想接受，则赠与不成立。

第二，赠与是合同行为。赠与行为一般要通过法律程序来完成，即签订赠与合同。一旦签完合同，赠与即告成立，对双方都具有约束力。

第三，赠与财产必须是合法且具体的。在赠与行为中，一方赠与另一方的财物必须是一方属于自己的合法财物，且赠与的内容要具体、明确，比如赠与的是房子、车子，还是现金，合约里要写得清清楚楚。如果一方赠与的财物是属于国家、集体、他人或是非法所得的财物，赠与合同无效。

第四，赠与的目的不能是恶意的。如果赠与行为是为逃避自己所应履行的法定义务，则将来利害关系人主张权利时，该赠与合同无效。举个例子，一方为了躲避债务而进行的赠与行为，会被法律认定为恶意转移资产，则赠与无效。

第五，赠与可以附条件。一般来讲，签订完赠与协议，赠与即生效，完成赠与之后如果想要收回财产，相当困难。资产属于谁，谁就拥有直接的控制权。所以，想要在赠与时给未来保留一些收回控制权的机会，可以使用有附加条件的赠与。《中华人民共和国民法典》第六百六十一条规定：赠与可以附义务。赠与附义务的，受赠人应当按照约定履行义务。

第六，赠与人应该为自己留足生活所需的财产，确保赠与后自身的生活品质，同时应考虑到未来可能发生的风险，例如疾病、意外事故等，并做好充分的财产保障。

第七，生前赠与应当公正且合理。赠与人应当依据赠与财产的实际价值进行赠与，不得虚报或低报财产的价值。赠与协议的内容应当遵守公平和公正的原则，不得侵害受赠人的合法权益。

第八，赠与的证据和记录需要妥善保存。包括且不限于赠与协议、赠与的财产清单、交易记录等。签订的赠与协议内，应当明确双方的权利和义务，并避免存在任何未经过双方协商确认过的附加条款。

最后，再次强调，作为转移和传承财富的一种方式，赠与会丧失财产的控制权，何时、向何人、赠与何种财产、多少财产，值得当事人仔细考量，必要时可寻求专业的顾问或律师，仔细考虑各种可能发生的情况，并在他们的帮助下制订详细的赠与计划。

实战案例

【案例 1】A 爷爷赠与孙辈财产，规划隔代传承

A 爷爷在年轻时创业，小有成就，积累了不少财富。迈入 70 岁之际，他开始考虑如何将自己的财富留给自己的后代。因他的子女都已经成年，也都已经有了自己的事业和生活，A 爷爷又对孙辈喜爱有加，因而，他并不想把所有的财富都留给自己的子女，而是想要把一部分财富传给自己的孙辈。他的子女们都特别支持他的规划，并参与进来。

最后，A 爷爷决定采用赠与的方式，把一部分财富赠与自己的孙辈。他在每次赠与前都会与家人进行沟通，告诉他们自己的想法和打算。他还把赠与过程和具体金额都记录在书面文件中，以便日后有需要时可以进行查阅。

这是一个很成功的规划案例。其中有三个要点。第一点，与家人充分沟通。A 爷爷在每次赠与前都与家人进行了充分的沟通，让家人知道他的想法和打算。这有助于避免家庭成员的不满及相互间的矛盾，并促进家庭成员之间关系的和谐。第二点，书面记录文件。A 爷爷将赠与过程和具体金额都记录在了书面文件中，以便日后有需要时查阅。这有助于避免日后的争议和纠纷，确保赠与过程的透明和公正。第三点，考虑到孙辈的利益。这个规划考虑到了孙辈的利益和他们未来的发展，也可以避免遗产分配不公的问题。

通过这个赠与规划，A 爷爷成功地将自己的一部分财富传给了自己的孙辈，用行动证实了 A 爷爷有多么疼爱自己的第三代。

【 规划建议 】

在规划隔代传承时需要注意，如果爷爷的子女成年且在世，那么根据我国法定继承的规定，爷爷是孙子孙女的第二顺序法定继承人，但孙子孙女却不是爷爷的法定继承人。爷爷想要把财产通过遗产的方式留给孙辈，需要在遗嘱中约定遗赠。但是遗赠有一个缺点，如果受遗赠人 60 天内不表示接受，就是对遗赠财产的放弃。因而爷爷可以实现隔代传承的方式主要有四种：赠与、遗赠、寿险和信托。

在这四种规划方式中，如果要提高传承的确定性，用赠与规划生前传承，用寿险及信托规划身后传承，是比较推荐的方式。

【案例2】B先生赠与财产，规划女儿婚前财产

B先生的父母在世，且自己有两位亲哥哥，他和太太育有一个女儿。眼看女儿大学毕业踏入社会，又出落得水灵，身边一直不乏追求者，B先生开始考虑起宝贝女儿的婚姻问题，进而开始考虑采取什么样的方式来保障财产可以安全传到女儿一个人的手上。最终，他决定采用赠与的方式将一部分财产传给女儿。

在B先生看来，赠与在传承中有很多优势。首先，赠与可以帮助他及时把财产的所有权转移给女儿，确保女儿在得到财产的过程中不会遇到什么纠纷；其次，通过赠与，他可以在自己的有生之年就看到女儿享受到自己的财产，并对女儿的生活状况有更多的了解；最后，也是他最在意的一点，就是赠与在女儿婚前进行，那么这笔财富就是属于女儿个人的婚前财产。

故事中的B先生，最终采取赠与的方式，将自己的房屋、汽车等资产以及一些股票、基金等金融资产分批赠与了女儿。如果他不做任何安排，又因为其家庭经济实力强于他的两位哥哥，他的父母又在世，一旦他先身故，父母及兄弟是否会来争产，存在不确定性。而通过这样的赠与方式，B先生既规划了女儿的婚前财产，又避免了在遗产继承中可能出现的不必要的纠纷和麻烦。

在这个过程中，女儿也意识到，要好好管理和保护这些财产，让它们发挥最大的价值，才对得起父亲的心意。

【规划建议】

这是一个比较成功的赠与故事。现在年轻人的离婚率居高，也有一些不法分子利用我国夫妻财产共有制这一点骗婚，从而达到骗取钱财的目的。所以 B 先生的规划不无道理。

需要注意的是，赠与财产最大的缺点，就是一旦财产转移出去，就意味着失去了对其的控制权，如果后代对受赠的财产管理不当，或者管理能力不够，会导致财产流失或者被滥用。

总的来说，赠与在传承中是很便捷的方式，既可以有效规划子女的婚姻财产，又能提高传承的确定性，更可以让赠与人在有生之年看到自己辛苦积累的财富被后代享受到。当然，赠与在实施时也需要谨慎规划，比如在赠与时附加一些条件，比如赡养自己等，以免出现不必要的问题。

【案例3】C 先生赠与财产，谨防未来债务危机

C 先生是一位企业家，前几年他和自己的下属未婚生下了一个儿子，如今两人也没有领证。近年来，虽然行业不景气，但是 C 先生还是没有放弃追逐事业的梦想，打算扩张工厂的经营规模。但是考虑到自己已经有了一个儿子，担心万一有什么闪失会影响孩子未来的生活，于是，他决定把自己的一套房产赠与孩子的妈妈，给他们母子两人一个安身立命的居所，然后自己就可以奋不顾身地投入创业了。

C 先生考虑得比较周到，他在赠与房产的时候，自己并没有债务危机，仍是企业经营状况非常好的时候，赠与的意图也非常清晰明确，没有恶意避债的嫌疑。同时，C 先生选择将房产赠与孩子的妈妈，这样能保障母子两人的生活，有利于孩子的成长。同时，也确保自己在发生人身意外或事业上的意外时，不会牵连到未婚妈妈和孩子。

【规划建议】

在追求财富的过程中，爱与责任应该是第一位的。如果担心自己有人身意外或事业危机，一定要提前规划自己的财产，将财产赠与自己的家人，保障他们的基本生活。这样，未来如果发生债务危机，已经赠与的财产可能不会被冻结或追回。

但是这个规划必须要提早做。《中华人民共和国企业破产法》第三十一条规定：人民法院受理破产申请前一年内，涉及债务人无偿转让财产的行为，管理人有权请求人民法院予以撤销。

所以，赠与能达到债务规划的作用，但不能以规避债务为目的。任何以避债为目的的恶意规划及转移资产都有可能会面临撤销或赠与无效。

【案例 4】D 先生赠与财产，保护自身隐私

D 先生和前妻离婚后再婚，而前妻一直没有再婚，独自带娃。多年后，D 先生心存愧疚，想要给前妻以及孩子一些补偿。然而，这样的想法他不希望被现任的妻子知道，因为他担心这可能会影响两人的相处。但是，他又知道，遗嘱是公开的，如果在遗嘱中保留太多的权益给前妻及孩子，一定会引发现任妻子的不满，甚至导致家庭的重大纷争。

所以，他决定通过赠与的方式，当下就将一部分个人财产转移到前任

和孩子的名下，以免自己的行为被现任妻子知道。

通过赠与的方式，D先生成功地达到了保护隐私的目的。他的现任妻子不知道他已将自己的一部分财产提前做了转移，而前妻可以用这笔财富规划孩子的教育资金、自己的养老资金。

因为不用为生活发愁，又感受到了前夫的关心，所以前妻和D先生约法三章，答应D先生尊重他未来对财产的长远规划，不会在他离世后因财产和他的现任妻子发生矛盾。

【规划建议】

一些特殊的家庭，比如多段婚姻家庭或者多子女家庭，在财富传承的方案中，或多或少都存在一些不想被太多人知道的隐私。用赠与来规划这部分财产就特别有优势，但赠与的应是个人财产，不能侵害第三方资产安全。若侵害了第三方资产安全，第三方有追回的权利，比如未经配偶同意就私自赠与他人夫妻共有财产就是不合法的。

总体来说，通过赠与来提前传承财产是非常高效且私密的，也可以避免纠纷和矛盾的产生。同时，当事人可以在自己清醒的时候，按照自己的意愿来完成财产的分配。

需要注意的是，赠与他人财产时最好注明赠与的用途和限制，以防止受赠人恶意使用或转让财产。同时，赠与可以进行公证并约定受赠人的义务，以确保法律程序的有效性及自身利益。最后，若有能力，可以对受赠人进行监督，以确保资产不会被骗或被滥用。

常见问题解答

一、赠与和赠予有什么区别？

赠与与赠予的行为实质上都是财产所有权的转移，但是两者也有区别。

第一，"赠与"是赠与人将自己的财产无偿给予另一方，而另一方表示接受的一种行为。赠与需要有双方当事人一致的意思表示才能成立。如果一方有赠与意愿，而另一方并无意接受，则赠与合同不能成立。"赠予"只有一方的给予，不需要另一方表示接受与否，只要赠予方同意即可成立实行，是一种单方面的行为。

第二，赠与是法律语言，是严谨的表达方式，一般通过法律程序来完成。赠予是文学语言，从法律角度无此定义。

第三，"赠予"的"予"本身就含有给某人的意思，所以"赠予"的后面可以接表示物的词语；而"赠与"的"与"后面就只能是接人称代词，指向受赠对象。

二、赠与的财产是否必须是现金，还是可以是其他财物，比如房产或者汽车等？

赠与的财产可以是现金，也可以是其他形式的财物，例如房产、汽车、股票、债券等。

通常来说，赠与的财产类型不受限制，只要是合法财产均可赠与。但需要注意的是，不同的财产类型在赠与过程中可能需要遵守不同的法律法规和执行不同的手续流程。例如，赠与他人房产通常需要进行房屋权属转移登记，缴纳契税等费用。而赠与股票、债券等证券则需要进行过户手续，遵守证券交易所的相关规定。总之，在进行赠与时，需要根据具体财产类型的特点办理相应的手续。

三、赠与财产的数量和次数有没有限制？

没有限制。赠与可以是一笔大额的赠与，也可以是多次小额的赠与。不过，不同的赠与方式和数量都会对赠与双方的财产、税务和继承等方面产生影响，因此在进行赠与时，需要仔细考虑各种可能的风险。

四、是否可以赠与未成年人财产？

可以。根据我国法律规定，未成年人可以是财产的受赠人，但需要通过监护人代为接受赠与。监护人需要保证赠与符合未成年人的最大利益，并确保赠与的财产不会对未成年人造成伤害。

五、受赠人可以把财产转赠给他人吗？

受赠人通常可以将其收到的赠与财产转赠给他人，但在某些情况下，转赠可能会导致赠与合同无效。因而转赠前需要考虑几个问题：赠与合同是否包含了禁止转让的条款？如果有，那么转赠可能会导致合同无效。赠与财产的性质是什么？某些财产可能需要特殊的许可或批准，才能转让给他人。受赠人是否已经完成了所有的履行义务？如果还有未完成的义务，那么转赠可能会导致其无法履行合同。

因而，受赠人可以将其收到的赠与财产转赠给他人，但一定要综合考虑部分问题。

六、如果受赠人没有履行义务，赠与人想要回赠与财产，有什么难度？

如果受赠人没有按照赠与合同的约定履行义务，赠与人可以要求收回赠与财产。但是，在实操中可能会存在一些难度。

首先，如果赠与人没有将赠与财产在公证机关进行公证，且没有拍摄、保存相关证据，如赠与财产交付记录、证人证言等，赠与人就难以证明赠与事实及内容，难以维护自己的权益。

其次，如果赠与财产是不动产或者大件财物，如房屋、车辆等，受赠人可能会将其抵押或者转卖，赠与人要维权就要面临更大的难度。

因此，赠与时，赠与人应该注意妥善保留相关证据，如公证赠与合同、交付记录、证人证言等。在受赠人违反赠与合同的情况下，可以先尝试通过协商或者调解等方式解决，如果无法解决，再考虑通过诉讼等法律途径维权。

七、将赠与合同进行公证有什么好处？

办理赠与合同公证，有利于明确双方的权利义务，保障各自权益。

对于赠与人来说，办理赠与合同公证，可以对受赠人附义务并在赠与合同中明确约定，留存证据。如果受赠人不履行赠与合同约定的义务，赠与人可以行使撤销权。

对于受赠人来说，经公证的赠与合同，赠与人不得随意撤销，公证能保障自己接受赠与的权益。因为在日常生活中，一般的赠与合同在赠与财产的权利转移前是可以撤销的，但是，经过公证的赠与合同，赠与人不得随意撤销赠与。也就是说，赠与合同（尤其是附有条件和期限的赠与合同），经公证后可以排除赠与人的任意撤销权，更能保障受赠人的权益。

同时，公证可以确保当事人的重要意愿得以实现。比如子女已婚，而父母想将他们的房产留给子女个人，而非子女与配偶共同所有时，便可以通过"赠与"的方式，将房产赠与子女，并在赠与合同中约定，该房产赠与子女一人，与其配偶无关。那么，该房产即是子女的个人财产，而不会成为子女与其配偶的夫妻共有财产。

八、经过公证的赠与合同就必须履行吗？

并不是。经过公证的赠与合同在某些情况下也是可以撤销的。《中华人民共和国民法典》第六百六十三条规定，受赠人有下列情形之一的，赠与人可以撤销赠与：（一）严重侵害赠与人或者赠与人近亲属的合法权益；（二）对赠与人有扶养义务而不履行；（三）不履行赠与合同约定的义务。

赠与人若要行使法定撤销权，一般应当向人民法院提出，由人民法院认定是否符合法定撤销权的行使条件。

九、在孩子婚后才规划赠与，还有意义吗？

如果想将财产赠与子女一个人并且子女已经结婚，赠与也有意义。父母可以在赠与协议中明确约定赠与的财产只属于子女一人，而非与配偶共有。安排了这样的有效协议，子女婚后所接受赠与的财产也仅属于其个人财产。需要注意的是，这部分财产需要合理运用，以免出现和婚内资产混同的现象。再者，这样的规划最好悄悄地进行，以免影响子女的夫妻感情，除非子女婚姻发生危机，否则赠与协议不建议公开。

十、赠与规划有什么容易被忽略的要点？

赠与合同需妥善保存这一点容易被忽略。通常赠与协议内明确了双方的权利和义务，在某些特殊时刻赠与协议可以拿来当作证据，如果协议遗失，可能会因证据不足而导致目的无法实现。因而，除了签订赠与协议，妥善保管协议同样重要。

04

遗嘱：最基础的传承方式

生前赠与可以帮助当事人按照自己的心愿进行私密传承，但是，财产赠与他人后，自己就几乎丧失了对财产的掌控力，同时，自己的财产也不可能在生前就全部给到他人。因而，通过赠与规划财产能解决的问题有限，而遗嘱就是一个重要补充。

作为传承中最基础的工具，遗嘱从当事人去世时开始生效。一份有效且合理的遗嘱，可以帮助继承人顺利继承家产，化解家庭的许多纠纷与矛盾，帮助家庭其他成员建立长期、稳定、和谐的关系。

遗嘱的作用不可忽视

遗嘱是指人生前在法律允许的范围内，按照法律规定的方式对其遗产或其他事务所做的个人处理，并于创立遗嘱人死亡时发生效力的法律行为。通俗的理解，就是一个人活着的时候，以遗嘱方式对自己的财产和其他事务在自己身后的归属做出的个性化安排。

根据《中华人民共和国民法典》规定，遗嘱有六种法定形式，分别是：公证遗嘱、自书遗嘱、录音录像遗嘱、口头遗嘱、代书遗嘱和打印遗嘱。每一种遗嘱的形式，都有其特定的要求和设立的方式。

遗嘱是在实现家庭财富传承时最基本、最常见，也是最方便的工具，我们建议每个人都应该尽早立有一份遗嘱，并对它进行动态规划。它是我们对自己一生积累的回顾，身后的安排也是我们对家人最真挚的爱意的长期体现。遗嘱规划的优势主要表现在以下五个方面。

第一，设立遗嘱，能帮助立遗嘱人清晰地梳理自己所拥有的财产和负债。

随着社会的进步，我们每个人的货币性资产在增加，除了传统的银行存款、房产之外，还可能有公司股权、股票基金等形式的资产，涉及的资产范围也可能遍布全球。但同时，不少企业家也有应付账款或者贷款。

设立遗嘱前，首先要做的是梳理自己的财产和债务，以及家庭关系。因而立遗嘱的过程不仅能帮助自己清晰地梳理所拥有的财产和负债，而且遗嘱的设立也规避了自己离世后，财产因为没有被继承人查询到而导致的流失。财富来之不易，每一元每一角都是我们的劳动和智慧所得，值得我们好好珍惜并传承。

第二，遗嘱体现个人分配遗产的真实意愿，能保证自己的财产可以按自己的意愿进行分配，避免财产被法定继承。

立遗嘱人可以根据每个继承人的经济情况、未来发展规划等，决定自己的财产由谁继承、继承多少，从而最大限度地让自己一辈子辛苦积累的财富可以按照自己的真实意愿传承下去。设立有效遗嘱，立遗嘱人身故后，遗产会按遗嘱内容进行继承。

第三，设立遗嘱，能减少家庭纠纷的产生。

设立遗嘱，意味着立遗嘱人内心有明确的遗产分配方案。如果立遗嘱人订立遗嘱时，还有专业人士和机构的参与，精心设计了遗嘱的内容、形式，也周全考虑到了纠纷规避的方案，那么，立遗嘱人身故后，继承人通过专业人士的咨询，也会获知根本无法推翻遗嘱，从而被动接受遗嘱内容。这可以大大减少立遗嘱人身后的传承矛盾和纠纷。

第四，表达对家人的爱意。

安排一份遗嘱对财产进行分配，并对家人说说自己的心里话，通过这样的方式表达爱意，是不少立遗嘱人的真实目的。他们的家人可能并不缺少财富，也不会产生财产纠纷，但是一份遗嘱犹如一封家书，持续诉说立遗嘱人对家人的关怀，能让家人感受到无尽的温暖。

第五，通过设立遗嘱思考人生的意义。

人生苦短，一辈子忙忙碌碌是为了什么？设立遗嘱的过程是总结自己过往多年耕耘的收获、梳理与家人的关系、梳理人生价值的过程，能够帮我们更好地理解生命和家庭的意义。

因而，遗嘱的作用不可忽视。成年人只要有牵挂、关心的人，不管财产多少，都应该设立一份遗嘱。

遗嘱规划怎么做

现实生活中，要设立一份遗嘱并不简单。它是一份承载着自己对家人物质上和精神上双重关爱的法律文书，也是自己对财产分配的综合规划。

然而，我们过往接受的教育中对于生命教育涉及得较为有限，大部分人忌讳谈论生死。也因为历史，上一代人没有太多的财产可供这一辈人继承，因而遗嘱的作用易被人忽视。这里，我们浅谈关于设立遗嘱的四个误区。

遗嘱设立的误区

针对遗嘱的设立，有四个常见的认知误区。

误区 1：家人感情很好，写不写遗嘱无所谓。

在一次活动中，我们曾经要求现场的人参与调查，请知道自己有几张银行卡、每张卡里大概有多少钱的人举手示意。结果，表示自己非常清楚的人寥寥无几。这也正常，随着经济的不断发展，我们拥有的财富类型更多样化，除了传统的银行存款、车子、房子，也会有股票基金、收藏品、知识产权等其他形式的资产，不少企业家还请其他人代持股权，也有不少人进行全球资产布局。在这种情况下，有一些人连自己都说不清楚到底拥有多少财产，以及都是哪些类型的财产，更何况是自己的继承人呢？

立遗嘱，最重要的一点，就是在遗嘱里写清楚所有财产的线索。不要因为继承人不知道财产的所在而漏掉了这部分的继承。

同时，遗嘱可以对财产进行个性化及差异化的安排。比如多子女的家庭，可以将房子留给更需要安全感的继承人，把公司股权和需要投资判断能力的股票留给更具商业眼光的继承人，或者通过对不同继承人能力的差异及未来发展的判断，做一些更符合其个人发展和需求的安排。

误区 2：我只有一个孩子，我不需要设立遗嘱。

一些独生子女的父母会认为：我只有一个孩子，等我不在了，我的钱全部都是孩子的，我的钱在哪里、有哪些财产，孩子也一清二楚，所以自己没必要写遗嘱。

这里我们需要注意，《中华人民共和国民法典》第一千一百二十七条规定：法定继承的第一顺序继承人，不单有自己的子女，还有自己父母及配偶。子女，包括婚生子女、非婚生子女、养子女和有扶养关系的继子女。父母，包括生父母、养父母和有扶养关系的继父母。

在正常情况下，这些人有平均分配遗产的权利。如果当事人的配偶是再婚配偶，而独生子女又不是这位再婚配偶亲生的，其是否愿意将当事人的遗产都给孩子？如果当事人的父母是有扶养关系的继父母，他们是否愿意放弃财产？这些问题的答案都有不确定性。

再者，如果自己有兄弟姐妹在世，父母继承的财产在父母过世后有一部分将被兄弟姐妹继承。如果照顾兄弟姐妹是自己的真实意愿，可以在生前就好好照顾到，而没有必要按法定继承去分配。

最重要的是，《中华人民共和国民法典》第一千零六十二条规定：夫妻在婚姻关系存续期间继承的财产，为夫妻的共同财产，夫妻双方有平等的处理权。因而独生子女在婚内按法定继承的财产，是夫妻的共同财产。如果未来发生婚变，此部分需要分割。因而，想通过法定继承的方式，将遗产都传给自己的独生子女，恐怕会让部分父母的愿望落空。

【案例解析】

小 H 家的生意在当地做得小有名气，她是家中独生女，一直养尊处优。大学毕业后，她嫁给了她的大学同学小 F。小 F 来自山村，双方贫富差距较大。婚后两年，两人不断为小事发生摩擦进而感情破裂。丈夫小 F 提出离婚，但是要求分割小 H 刚离世的母亲留下的遗产。这让刚刚丧母的小 H 陷入了无尽的伤心和绝望。

这就是独生子女家庭父母不规划遗产造成严重后果的典型案例。小 H 在婚内继承的遗产并非属于她个人，而是她和小 F 的夫妻共同财产。发生婚变后，小 F 要求分割遗产属于合法权利。

生老病死不可避免，父母大概率也会比子女早亡，从保护子女的角度出发，独生子女父母也应该未雨绸缪设立一份遗嘱，以免在孩子遭遇离婚伤心绝望之时，又因财产分割之事让痛苦雪上加霜。

误区 3：等我老了再考虑设立遗嘱。

首先，什么是老年人，多老算老，这并没有一个明确的说法和定义。

其次，世事无常。篮球明星科比和女儿的离世，让人扼腕痛惜之余，也再次验证了危险什么时候会来，来的时候会降临在哪些人的身上，事先并不可预知。

再者，立遗嘱人必须具备完全民事行为能力。限制行为能力人和无民事行为能力人设立的遗嘱无效。因为遗嘱是一种非常重要的财产处置行为，需要当事人有清醒的意识，并能清晰表达处分财产的意愿，因而，在自己头脑清醒、决策能力相对好的时候设立遗嘱，能保证财产分配方案尽可能公平和客观。

最后，从家庭财富管理的角度讲，守富、传富应该和创富同步进行。财富创造可以增加遗产总量，而遗嘱规划又可以为财富创造提供指导。通过考虑财产将如何分配，当事人可以更好地了解自己需要做什么才能满足自己的遗愿，并以此制定工作目标、财务计划和投资战略。

误区4：遗嘱不需要动态管理。

遗嘱需要动态管理。

前文提到了现代人拥有的资产形式可能非常多样，且分布地域广阔。当财产的数量、形态、地域发生了变化，遗嘱对应的财产内容也对应发生了变化，因而也需要动态调整：一是怕遗漏某些资产，二是也可以将近期增加的财产写入遗嘱，按当事人的心愿进行个性化分配。

需要注意的是，当发生某些重大事件或者事故时，尤其需要考虑设立或者修改已设立的遗嘱。这些事情包括且不限于即将结婚、离婚，即将再婚，子女结婚，有人离世，家中添丁，股权代持变化，开始进行全球投资等复杂情况。如果发生了以上事件，都建议重新审视自己的遗嘱规划是否合理。

【案例解析】

小C和自己的父亲共同经营了一家国际贸易公司，他是实控人。由于担心自己未来和配偶发生婚姻危机而分割财产，他赠与父亲部分财产，并让自己的父亲写下代持股权协议并设立遗嘱。在一次的沟通中，他自信满满地告诉我们已经做好了所有的合理规划。对于他的规划，我们提出了两个问题。第一点：请问你的母亲有写遗嘱吗？第二点：遗嘱是三年前写的，一年前刚刚设立的新公司，这部分资产你父亲有写入遗嘱吗？小C顿时目瞪口呆，这时他才意识到，自己做的规划并不全面。

小C赠与父亲的财产，也是小C母亲的婚内财产，如果她不写遗嘱，那么她身故后属于她的部分就会被法定继承，而小C还有两位姐姐，因而小C要求父亲写下遗嘱，他的母亲也应该同步规划。而新成立一年的公司，父亲没有将其写入遗嘱的话，父亲身故后，这部分的财产就会按照法定继承的方式，被小C、小C妈妈以及小C的两个姐姐平均继承。

小C创富不易，他也非常珍惜，他以为自己做足了准备，其实还不够全面。从他的故事中，我们可以看到，遗嘱应该考虑到夫妻共有财产的情况，也需要在财产发生重大变化的时候，进行动态调整。

不可不知的遗嘱知识

了解了以上四个误区，我们就会发现，一份遗嘱对于我们每一个人而言，都是极其重要的。那么，遗嘱只要"写"就完事了吗？并不是。要知道，写遗嘱不是目的，通过遗嘱向家人表达爱意、明确财产范围以及将财产未来的归属加以确定才是遗嘱的目的。要设立一份合理、有效的遗嘱，我们需要清楚以下几个关键点。

第一，立遗嘱是单方面的法律行为，当事人死亡时生效。

即遗嘱是基于当事人单方面的意思表示，不需要得到其他人的同意，也不需要签署双方的协议。这点和赠与不同，赠与是双方的合约行为。

同时，遗嘱在当事人死亡时才发生法律效力。当事人在死亡前还可以对遗嘱进行变更，所以遗嘱必须以当事人的死亡作为生效的必要条件。

如果当事人没有事实死亡，而是由人民法院宣告死亡，遗嘱也能发生法律效力，其继承人可以处分当事人留下的财产。

如果短期内当事人重新出现，则相应的财产需要退还给当事人；如果时间较长，出现了财产无法退还的情况，则继承人应当对当事人的基本生活在其受益的范围内提供帮助。

第二，遗嘱必须是当事人真实的意思表示，且只能处置个人财产。

真实的意思表示是民事行为有效的必要条件。受欺骗、胁迫所立下的遗嘱无效；伪造的遗嘱无效；遗嘱被篡改的，篡改的内容无效。

最高人民法院在《关于贯彻执行〈中华人民共和国继承法〉若干问题的意见》第四十一条中明确规定：遗嘱人立遗嘱时必须有行为能力。无行为能力人所立的遗嘱，即使其本人后来有了行为能力，仍属无效遗嘱。遗嘱人立遗嘱时有行为能力，后来丧失了行为能力，不影响遗嘱的效力。

需要注意的是，当事人只能就自己的个人合法财产做出处置，如果遗嘱中处置了属于国家、集体或者不属于自己的财产，遗嘱的该部分内容无效。

第三，当事人留有数份遗嘱，内容相抵触的，以最后的遗嘱为准。

原来的继承法里，公证遗嘱效力优先。而在《中华人民共和国民法典》新规里，所有形式的遗嘱效力都是相同的，这是《中华人民共和国民法典》对于遗嘱有效性认定很大的改变。如果当事人生前留有多份、不同形式的、内容相抵触的遗嘱，有效的遗嘱不再是以公证遗嘱内容为准，而是以设立时间最晚的那份遗嘱为准。

第四，遗嘱有六种法定形式。

《中华人民共和国民法典》规定，遗嘱有六种法定形式，分别是：公证遗嘱、自书遗嘱、录音录像遗嘱、口头遗嘱、代书遗嘱和打印遗嘱。每一种遗嘱的形式，都有特定的要求和设立的方式。不符合要求的遗嘱，可能会被认定无效，导致当事人的愿望落空。

第五，遗嘱分配必须考虑到部分人群的继承权。

当事人在设立遗嘱时，应当考虑到家庭中缺乏劳动能力又没有生活来源的继承人，比如当父母没有生活来源时，要为其保留必要的遗产份额。如果没有安排，可能会导致遗产分配的部分条款无效。

第六，遗嘱只能自己亲自设立，不能找人代理。

即便是代书遗嘱，也必须由其本人在遗嘱上签名。

第七，口头遗嘱在危急情况消除后即无效。

《中华人民共和国民法典》第一千一百三十八条规定：遗嘱人在危急情况下，可以立口头遗嘱。口头遗嘱应当有两个以上见证人在场见证。危急情况消除后，遗嘱人能够以书面或者录音录像形式立遗嘱的，所立的口头遗嘱无效。

第八，遗嘱不能违反社会公共利益或公序良俗。

遗嘱内容若违反社会公共利益或公序良俗，可能会是一份无效遗嘱。2021年5月，《中国证券报》黄灵灵发表了一篇《冲上热搜！深圳一男子遗赠保姆4000万房产，双方同居17年，法院终审判决赠与无效》的报道。[①]在这则事件中，就是该男子的遗嘱违反了社会的公序良俗，欲将遗产留给婚外同居异性，才会最终被法院判定为无效。

。
———————————

① 中国证券报-中证网.冲上热搜！深圳一男子遗赠保姆4000万房产，双方同居17年，法院终审判决赠与无效[EB/OL].(2021-05-03)[2023-09-15].https://finance.sina.com.cn/wm/2021-05-03/doc-ikmxzfmm0414070.shtml

哪些人特别建议订立遗嘱

有些人 20 多岁立遗嘱，有些人七老八十了也不觉得自己需要设立遗嘱。其实，遗嘱是一个成年人价值观、知识结构、责任感的体现，是个人把对家人的关爱，从生前延续到身后的一种方式。

从法律上讲，每一个有民事行为能力且年满 18 周岁的成年人，都可以设立遗嘱。我们也建议大家尽早设立遗嘱并动态管理。但对于以下人士，遗嘱的设立更为重要。

一是重视家庭关系的人。司法实践中，继承的争议往往伴随着没有遗嘱或者对遗嘱的效力存疑而发生。所以，设立一份真实有效且在执行的过程中没有风险和瑕疵的遗嘱，会让继承人之间减少矛盾和纠纷。

二是遗产多且财产形式复杂的人。现金、股票、房产、海外资产、股票基金、珠宝古董、代持股权等，遗嘱中都需要明确未来如何分配。比较复杂的如公司股权。公司股权可以继承，但如果由多位法定继承人均等继承股权，公司的经营决策权将被分散，不利于公司的治理，所以，遗嘱中需要指定经营决策人，或者将股权传承给具体的某一位人选，而不是均分股权。这些都需要通过合理的设计，企业才能稳定地度过一段特殊的时期。

三是希望财产更多地留给下一代的人。《中华人民共和国民法典》规定，法定第一顺序继承人为父母、配偶、子女。如果没有设立遗嘱，财产将由所有第一顺序的继承人均分。而为人父母，传统理念里大家都希望自己的财产可以实现向下传承，所以设立遗嘱就非常重要。

四是希望遗产可以归子女个人所有，而并非属于子女的夫妻共有财产的人。在遗嘱中明确指定自己的财产由子女个人继承，这样子女婚后继承的遗产，仍属于个人所有，而非夫妻共有财产，这就规避了子女离婚时家产被分割的可能。因而，独生子女家庭，父母也应该立有遗嘱，因为几乎没有人可以确定自己会在哪一天身故，所以要为子女的婚姻财产早作打算。父母无论是在子女婚前还是婚后设立的遗嘱，只要在遗嘱中约定自己财产传承的意愿，就可以帮助保护子女原生家庭的财产。

五是家庭中有海外资产或海外身份的人。各国法律法规不同，遗产继承办理的程序和复杂度也不同，这会导致在继承手续办理的过程中，效率低下、耗时过长，而这个阶段，财产还没有过户，家庭资产的流动性较差。因此，提前设立遗嘱很有必要。

六是多段婚姻家庭、多子女家庭等，其中还包括再婚重组、未婚生育子女等家庭。这些家庭的家庭关系复杂，拥有家庭资产的形式多样，利益关系也相对复杂，因而较普通家庭更容易产生矛盾，并激化成法律纠纷。所以，提前设立遗嘱非常必要。

最后，再次强调，既然我们平日里会做自己日常的财富管理，会在银行理财账户里比较不同金融产品的收益和风险，那么，身后的财富管理也同样重要。所以，不但是具有以上情况的家庭需要做遗嘱规划，普通家庭的成员，也有必要尽早订立遗嘱。

一份有效且合理的遗嘱，可以帮助继承人顺利继承家产、化解家庭的许多纠纷与矛盾，也是自己对自己积累的财富的总结和长期规划。设立遗嘱，是对继承人负责，也是对自己创造的财富负责任的重要表现。

夫妻间的遗嘱规划

既然遗嘱这么重要，感情特别好的夫妻，是否可以两个人一起写一份遗嘱，共同规划身后的财产分配，即设立一份"共同遗嘱"呢？

实践中，不建议这样操作。

我国法律上并没有"共同遗嘱"这样的概念，实践中很多"共同遗嘱"的法律效力也是存在争议的。

举一个容易理解的例子。某份共同遗嘱全文是先生书写的，落款处由先生和太太共同签名，那么这份遗嘱可以被认定为是这对夫妻两个人的自书遗嘱吗？然而全文是先生写的，太太只是签名没有书写内容，这并不符合自书遗嘱中"自己书写"的要求，因而法律效力存疑。

又比如，假设共同遗嘱中约定财产由后去世的那位持有，当后去世的那位过世后，财产由子女继承。但后去世的那位又再婚了，婚后想把一部分财产留给再婚配偶，是否可以呢？

因而，夫妻设立遗嘱可以是时间上的共同，也可以互相商量。但为了保证遗嘱的效力，不建议夫妻间设立一份共同遗嘱。而比较好的方式，是在设立遗嘱前，夫妻双方先签署一份"夫妻财产约定"，在约定内明确哪些财产属于先生，哪些财产属于太太。约定好财产的所属权之后，再分别将这些财产列入自己的遗嘱中进行规划。[①]

规范处置自己的财产，是一项非常重要的工作。

---

① 杜芹.你必须知道的遗嘱[M].北京：法律出版社，2021：109.

务必保管好你的遗嘱

遗嘱的妥善保管非常重要。精心设立的一份遗嘱，如果去世后，家人找不到，或被人藏匿、销毁了，也就失去了遗嘱本身的作用。

关于遗嘱的保存，目前有以下四种比较常见的方式：

一是自己保管。这是比较常见的方式。但请注意，不要把遗嘱藏在特别隐秘的地方且无人知晓，如果自己过世后遗嘱一直没有被发现，就等于没有设立遗嘱。

二是后代保管。这个缺点是后代有可能会提前查看遗嘱，从而获知家庭财富的总量，一定程度上影响继承人的心态。比如知道了父母的财富足以保证自己一辈子衣食无忧，就会失去奋斗的动力，不知上进等，也可能因为不满意遗嘱的分配方式而和家人闹不愉快。

三是遗嘱执行人保管。遗嘱执行人负责未来遗嘱的执行和遗产管理，由其保管遗嘱合情合理。

四是由专业的遗嘱保管机构保管。随着越来越多的人开始有遗嘱设立的意识，近些年来也出现了一些专业的遗嘱设立、保管一站式服务机构。这些机构的顾问会对遗嘱的内容进行把关，有专业的设备和场地进行登记保管，对于遗嘱的查询和提取也有严格的要求。

遗嘱的保管非常重要，只有意识到这一点，才是一个完整的规划。

遗嘱内容怎么写

写遗嘱犹如写作文

虽说遗嘱是最简便、覆盖面最全的财富传承方式，但要通过遗嘱实现自己的愿望，说起来简单，实操中却有难度。因为每个人的家庭背景、财产形式、地域分布都不一样，当事人对未来的期许也不一样，在继承过程中，存在一定的不确定性。因而，写一份不容易被推翻的遗嘱就特别重要了。

一份完整的遗嘱犹如一篇作文，也像一封书信，需要有题目、内容、落款、日期。其中的内容可以是"总—分—总"的结构。

首先是题目。

一份遗嘱的题目，就应该规范地写"遗嘱"，或者"×××遗嘱"，主题清晰，一看就懂。而不要写成"我的愿望""给孩子们的信""约定""财产分配"等含糊不清的表述，或者甚至连题目都不写，这样容易让人对遗嘱的性质产生困惑。如果在继承过程中有纷争诉诸法院，法院甚至有理由怀疑这份材料是当事人关于财富分配的随笔、日记，而不是一份遗嘱。

所以，立遗嘱时，题目必须明明白白地说明——这就是一份遗嘱。

其次是遗嘱内容。

遗嘱内容可以采用类似写作文的"总—分—总"结构。

第一部分，总。表明自己的姓名、性别、身份证号码、设立这份遗嘱时的年龄、所在地，同时需要写明立下遗嘱时自己头脑清醒，以及自己立遗嘱的目的。关于遗嘱设立的目的，可以是"提前规划，给到家人一个交代"，可以是"风险规划的一部分"，等等，只要是自己的真实想法即可，没有特殊的规定。

第二部分，分。这部分是遗嘱的主要内容，在这部分内容中，需要阐述遗产的总量、形式和分布，希望哪些人继承自己的遗产，以及遗产的具体分配方案。

这些财产的安排是否合理、能否避免家人的纷争，这一点非常考验当事人的规划能力。如果家庭关系比较复杂，或者资产数量多且形式复杂的人，建议找有遗嘱规划能力的专业团队参与规划。

遗嘱的主要内容还包括指定监护人和指定遗嘱管理人。指定监护人，比如"如果在我去世时，我的儿子还未成年，请我的姐姐作为他的财产监护人，直到我的儿子成年"。

指定遗嘱管理人，比如"在我去世后，请我的哥哥做我的遗嘱管理人，负责清点遗产、管理遗产，为遗嘱的顺利执行保驾护航"。

第三部分，总。此部分作为对第一段的呼应：可以说说自己对家人的殷切关怀；也可以表达希望，希望家人尊重自己的遗愿，家人间要互相扶持、友爱、团结、共同发展；也可以是对自己人生经验的回顾，对孩子的叮咛；等等。总而言之，此部分是遗嘱的升华，也是当事人最具有真情实感的内容。这部分关于情感的表达，可以让家人再次感受到亲人间的温存，也有利于遗嘱的顺利执行。

写完以上三个主要部分的内容，请一定要在结尾处清晰写明立遗嘱人的姓名、立遗嘱的日期。签名字迹尽量和平日保持一致，不要给未来认定签字笔迹的真伪平添隐患。立遗嘱的日期也是当立下多份遗嘱后，判定哪一封是最后一封的重要依据，千万不可不写，也不可写得不清不楚，以免给继承人留下困惑和麻烦。

遗嘱模板

下面是一份自书遗嘱的参考模板，供大家参阅。

请注意，自书模板的所有内容都需要亲自手写，并在末尾处签名，注明年、月、日。

遗　嘱

我深爱我的家人，我拥有的一切都得益于家人对我的宽容和支持。人总有离世的一天，为了让我的财产在我身后的分配不至于有太多的争议，也作为我在长期努力工作之后对过往的一个回顾，我立下本遗嘱，对我所拥有的财产进行系统的梳理，并做出我身后的明确规划。希望我的每一位家人尊重我的意愿，在我离世之后，珍惜我留下的财产。

立遗嘱人：_____，性别：_____，出生日期：_____

住址：_____，身份证号码：_____。

我与_____（身份证号码：_____）是夫妻关系，共有_____个子女，他们是_____，身份证号码分别为：_____。

如今，我_____岁，此时神志清醒，我立遗嘱如下：

一、关于本遗嘱

1. 订立本遗嘱时，我的身体状况良好，精神状况正常，具有完全民事行为能力。

2. 本遗嘱所有内容均为本人的真实意思表示，未曾受到任何人的胁迫、欺骗。

3. 在本遗嘱订立前，本人未对本遗嘱所涉财产与他人签订遗赠扶养协议、赠与合同，也未曾订立过其他遗嘱。

二、遗嘱内容

1.坐落在_____的房屋，建筑面积_____平方米，产权属证书：_____，在我去世后，上述房屋属于我的全部份额均由我的儿子/女儿_____壹人继承，上述房屋如被拆迁或征收等，安置、调换的房屋或补偿款及其他全部利益也全部由_____壹人继承。

2. 我的另一套房子，坐落在_____的房屋，建筑面积_____平方米，产权属证书：_____，在我去世后，上述房屋属于我的全部份额均由我的儿子/女儿_____壹人继承，上述房屋如被拆迁或征收等，安置、调换的房屋或补偿款及其他全部利益也全部由_____壹人继承。

3. 我在_____银行存款、_____银行存款、_____证券的基金，均由_____继承，包括这些账户里的理财等财产权益，也均由_____继承。

4. 上述遗产，是我在身后给到继承人的个人财产，即使未来其已婚，也不作为其夫妻共有财产，仅属于其个人。

三、遗嘱执行人

1. 在我去世后，由我的亲妹妹_____，身份证号：_____担任我的遗嘱执行人，请大家配合她作为遗嘱执行人的工作。2. 在我过世后，她将负责：

（1）通知全体遗嘱继承人，公开遗嘱内容，并对遗嘱的真实性、合法性以及遗嘱内容进行解释和说明；

（2）保管与遗产相关的财产凭证；

（3）按照遗嘱指示，将遗产最终交付给我指定的继承人；

（4）解决遗嘱执行过程中发生的问题；

（5）其他继承人对遗嘱继承有争议时，负责调解；

（6）实施与管理遗产有关的其他的必要行为；

（7）其间若产生费用，从遗产的银行账户内支出。

以上即是我的遗嘱内容，希望大家都能尊重我的意愿。同时我期望，即使我不在了，你们仍旧可以像过往一样相互关爱、互帮互助、共同发展。

我爱你们，我珍惜和你们在过往相处的每一分每一秒，我希望我不在人世的时候，你们偶尔也会怀念我，还能回忆起我在生前对你们的那些絮絮叨叨，能够回忆起我曾嘱咐你们应该如何对待世界和人生。我不在了，但是我希望你们能够一直快乐、健康、勇敢地生活下去。

> 最后我想说，曾经拥有过你们，是我一生中最大的幸福。
>
>
> ×××（本人签名）
>
> ××年××月××日

遗嘱继承怎么办理

遗嘱的执行

如果当事人事先做好了充足准备，形式要件上也完全符合法律的要求，这样设立的遗嘱就能顺利被执行吗？也不。

遗嘱的形式符合法律要求，不代表所有的法定继承人都认可遗嘱的真实有效性，不代表他们同意遗嘱的分配方式，更不代表遗嘱的内容立马可以实行。

即使当事人立了一份形式上完全符合法律要求的遗嘱，在最终判定遗嘱是否具有法律效力时，还会出现以下三种情况：

第一种，所有的法定继承人对遗嘱没有争议，且向公证处出具了无争议声明，在此情况下公证处可以直接认定遗嘱的法律效力，并直接出具继承权公证书，继承人可以凭这份文件办理后续的继承。

第二种，法定继承人对遗嘱的有效性、合理性虽然存在争议，但协商后，各继承人达成了一致的遗产分配方案。此时，公证处可以出具继承权公证书，遗产的分配方案依继承人协定的分配方案执行。

第三种，法定继承人对遗嘱的有效性、合理性有争议且无法达成一致，那么遗嘱的法律效力、遗产的分配方式必须通过法院的审判才能确认，最终的遗产分配方案以判决书为准，继承人凭判决书办理财产过户。

以上的分配方式，以第一种最为简单，耗时最短。但是，也有一个前提，就是所有法定继承人都要表示对遗嘱没有异议，同意按遗嘱的方式分配财产。所有人都同意，就意味着这份遗嘱是向所有人公开的。而一些家庭情况复杂、财产复杂的个人，并不方便在遗嘱中公开自己所有的财产信息及分配方案，这是一个很关键的问题。不方便用遗嘱规划的财产，建议用其他的工具规划，后文会展开阐述。

另外，需要注意的是，第二种和第三种方式，可能都耗时很长，继承人要经受时间的考验，其间会丧失家产的流动性，甚至产生一些费用的支出。

家人过世：绕不开的继承权公证

遗嘱的执行，是指在当事人去世后，为实现当事人在遗嘱中对遗产所做出的积极的处分行为以及其他有关事项而采取的必要行为。换句话说，遗嘱的执行是为了实现遗嘱内容所进行的必要的行为。

这里我们也要了解一个专有名词，就是继承权公证，它是指公证机关根据继承人的申请，依法确认当事人是否享有遗产继承权的证明活动，与遗嘱的执行息息相关。除了让法院来判决财产分配方案之外，要想分配遗嘱内的财产，都必须由公证处出具继承权公证书，才能真正进入遗产分配流程。所以，"继承权公证"是个很重要的程序。

如图 4-1 所示，申请办理继承权公证，要先到公证处提出申请。申请时，继承人（申请人）应递交公证申请书，同时提交下列证件和材料：

1. 申请人的身份证明（如身份证、户口簿等）；

2. 死亡证明（如医院出具的死亡证明书、尸体火化证明书，或有关派出所出具的注销户口证明，如果被继承人是被宣告死亡的人，继承人应提交人民法院关于宣告死亡判决书）；

3. 被继承人所留遗产的产权证明（如房产证、银行存款账号、股票账号等）；

4. 被继承人生前若立有遗嘱，继承人应提交遗嘱原件；

5. 继承人与被继承人关系的证明。代位继承人申办公证的，还应提供继承人先于被继承人死亡的证明以及本人与继承人关系的证明。

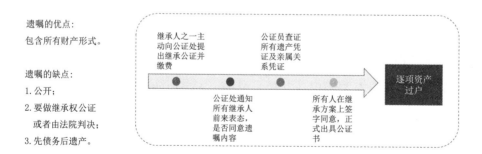

图4-1　办理继承权公证的流程

提出申请后，由公证机关办理继承权公证。公证机关会重点审查以下几项内容：

1. 被继承人死亡的时间及原因；

2. 被继承人生前是否立有遗嘱，遗嘱是否真实有效，有无变更、撤销的情况，以便确认其效力；

3. 遗产的范围、种类等；

4. 当事人是否属于法定继承人范围，或者遗嘱中是否是被指定的继承人；

5. 当事人是否属于代位继承人或者转继承人；

6. 当事人接受或放弃继承的意思表示是否真实；

7. 是否遗漏了合法继承人，要尽力避免因疏忽而侵犯他们的合法权益。

由此可见，要办理继承权公证，不但需要准备的材料非常烦琐，还要经过公证处的审查，消耗的时间也很长，同时，遗嘱的内容对所有继承人都是公开的，无法保护立遗嘱人的隐私。但是，如果继承人觉得办理继承权公证书太麻烦，想要绕开这一步，那么继承人之间为了争夺财产很可能会对簿公堂，大部分继承人并不愿意走到这一步。综上所述，遗嘱仍是最简便、覆盖面最全的财富传承方式，我们一定要用好这个工具。

遗赠的继承时间

广义的遗嘱，也包括遗赠。遗赠是将财产赠与法定继承人以外的其他人。比如，孙子孙女不是爷爷的法定的继承人，爷爷要把自己的财产留给他们，而孩子的父亲还在世，这种行为就属于"遗赠"。遗赠和遗嘱有个很大的区别。

《中华人民共和国民法典》第一千一百二十四条规定：继承开始后，继承人放弃继承的，应当在遗产处理前，以书面形式做出放弃继承的表示；没有表示的，视为接受继承。受遗赠人应当在知道受遗赠后60日内，做出接受或者放弃受遗赠的表示；到期没有表示的，视为放弃接受遗赠，如图4-2所示。

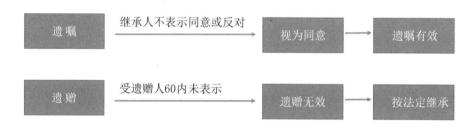

图4-2 遗赠与遗嘱的生效方式差异

遗赠是非常重要的传承方式，我们一定要重视它的有效期限，以免错过时间，让当事人愿望落空。

实战案例

【案例1】老人自书遗嘱，确定继承人范围

A奶奶配偶早亡，她的儿子一直在外务工，她在老家独自生活。近些年来，由于身体不佳，侄女一直在照顾自己。她心存感激，想着自己年事已高，

不如趁神志清醒写一份遗嘱，将部分财产留给自己的侄女。

A奶奶亲笔书写遗嘱处置过世后财产的行为，属于自书遗嘱。自书遗嘱，字面意思就是全篇自己手写的遗嘱。自书遗嘱不需要见证人。但是在司法实践中，自书遗嘱通常会面临的矛盾是，遗嘱是否为本人亲笔所写。所以如果A奶奶的儿子不相信母亲会将部分遗产留给亲戚，质疑遗嘱的真伪，往往需要向法院申请司法笔迹鉴定。通过对A奶奶生前，尤其是去世前几年亲手写过的或者签署过的文件、草稿、日记、合同等样本的比对，来确定自书遗嘱的有效性。

【规划建议】

自书遗嘱的设立要求简单，过程也比较私密，但是真伪问题在执行中经常面临挑战。因而，在设立自书遗嘱时，建议同时录音录像，记录自书遗嘱的过程，未来这份录音录像文件也是遗嘱真实性的证明。

同时，A奶奶将自己财产留给侄女的行为，属于"遗赠"，因为侄女不是自己的直系亲属。接受遗赠的侄女需要注意：必须在知道或者应当知道后60日内做出明确的意思表示，即表示是否同意接受遗赠。如果没有做出表示的，就视为放弃。放弃后，这部分遗产将按法定继承处理。

【案例2】代书遗嘱的见证人未全程参与，导致遗嘱无效

B女士有两个儿子。大儿子已婚，小儿子未婚。大儿子在婚后跟妻子亲近，疏于和母亲联系。B女士伤心之余，想要立下遗嘱，将更多的财产留给小儿子。

她知道代书遗嘱需要有见证人在场，遂叫来了两位自己的小姐妹做见证人，其中一位负责书写。没想到，途中一位姐妹有事离开，最终遗嘱上只有她自己和一位姐妹的签名。多年后，B 女士离世。大儿子看到了母亲代书的遗嘱后，对遗嘱的有效性发起了质疑，并将此疑惑诉诸法庭。最终，这份遗嘱被判定为无效，法院认为 B 女士的遗产应该按照法定继承的方式分配。

代书遗嘱，需要有两位及以上的见证人，对遗嘱订立的全过程进行见证，如果缺失其中任何一个环节，都可能导致遗嘱无效。需要注意的是，关于见证人，不但有数量的要求，还有资格的要求。遗嘱见证人不能是无民事行为能力人或者限制民事行为能力人，也不能是继承人、受遗赠人以及与继承人、受遗赠人有利害关系的人，包括他们的配偶、子女等。在 B 女士的小故事中，她的小姐妹的身份是符合条件的。

但是，遗嘱的见证过程必须有完整性，也就是说，从遗嘱代书书写到签署的全过程，见证人都必须见证，而不能遗漏任一环节。在小故事中，B 女士的小姐妹在遗嘱签署之前就离开了，没有见证遗嘱签署的全过程，也没有签字，这是这份代书遗嘱最终无效的原因。

《中华人民共和国民法典》第一千一百三十五条规定：代书遗嘱应当有两个以上见证人在场见证，由其中一人代书，并由遗嘱人、代书人和其他见证人签名，注明年、月、日。

【规划建议】

首先，设立代书遗嘱，请来的见证人必须符合法定要求，至少两位，且一位负责书写。如果见证人的数量不足或者不符合见证人必须满足的条件，可能会导致代书遗嘱无效。

其次，见证遗嘱设立的过程必须保证完整。从遗嘱代书到签署的全过程，任何人都不可以离开现场。如果见证人缺失了某一环节，就会引发遗嘱的真实性问题，而导致该份代书遗嘱无效。

最后，设立遗嘱是个严肃的过程。在设立遗嘱前，要保证请来的见证人知晓自己为什么来、应该做什么、不应该做什么，以及整个过程预计要花费的时间等细节。如果仅以为自己只是到场为遗嘱人签个字，而忽视了作为见证人应该做到的职责，可能会导致遗嘱无效。

设立遗嘱是个技术活，为了保证遗嘱能够顺利实施，请审慎对待每个环节。

【案例3】手术病人用录音录像遗嘱记录心愿

C先生查出自己患了癌症，伤心之余，他的再婚妻子对他不离不弃，悉心照料。在医院手术前，他前思后想，害怕自己的手术出现意外，便想立下一份遗嘱，将自己的大部分财产留给自己的再婚妻子。因在医院书写不便，他请来看望他的两位同事出镜，设立了一份录音录像遗嘱。在录像中，两位同事见证人清晰地表明了自己的身份，全程参与了录像，并口述了设立当日的日期。C先生去世后，他与前妻的儿子对此份遗嘱涉及的分配方式提出了异议，要求以法定方式继承父亲留下的遗产。

最终，继承方案闹上了法院。法院最终认定，这份遗嘱符合录音录像遗嘱的要求，真实有效。

《中华人民共和国民法典》在原来《中华人民共和国继承法》的基础上，将录音遗嘱扩展到了录音录像遗嘱，也就是大家常说的双录（录音和录像），双录同时包含了声音和视频，使得遗嘱设立的有效性、便捷性又得到了进一步的提升。

小故事中，C 先生设立的录音录像遗嘱中，人数符合要求，他的两位同事脸部露出清晰，具备完全民事行为能力，也全程参与了遗嘱的设立过程，其间也表明了自己的身份，记录了设立时间，这些都符合录音录像遗嘱的要求。

【规划建议】

立遗嘱人可以通过录音录像遗嘱完整记录自己身后的意愿。录音录像遗嘱除了要求遗嘱人完整、清晰地表达自己身后的安排之外，还需要见证人在场。关于见证人，法律有非常明确和严格的要求：人数必须满两位；在录音录像中，见证人必须表明身份；整个遗嘱的设立过程中，见证人必须全程参与；在录像遗嘱中，见证人需要完整露面；见证人身份必须符合条件——不能是继承人、受遗赠人，不能与立遗嘱人有经济利益关系，不能不具备民事行为能力，等等。如果录音录像遗嘱的见证人不能满足以上任一要求，那么录音录像遗嘱会被认定为无效，因而要设立一份有效的录音录像遗嘱，以上要点缺一不可。

另外需要提醒的是，录音录像遗嘱做完之后，要将原始载体妥善保管，以免发生纠纷时难以证明载体的真伪。

【案例 4】公证遗嘱，并非效力最大

D 先生的父亲刚刚去世，在清点遗产及遗产分配的过程中，他和自己的姐姐产生了矛盾。D 先生的父亲 3 年前在公证处设立了一份遗嘱，表明自己的两套房产在身后都由儿子继承。但姐姐却出示了一份 1 年前父亲留下的又一份遗嘱。遗嘱中，父亲将两套房子平均分配，儿子女儿一人一套。

D 先生认为，自己手握的公证遗嘱效力最大，应该按这份遗嘱执行。那么，现实中哪份遗嘱才有效力呢？

答案是姐姐手握的遗嘱有效。原来的继承法是"公证遗嘱效力优先"，然而这项法规已经无效。现《中华人民共和国民法典》第一千一百四十二条规定，立有数份遗嘱，内容相抵触的，以最后的遗嘱为准。也就是说，现行的法律中规定所有形式的遗嘱效力都是相同的，即如果立遗嘱人生前留有多份不同形式的遗嘱，内容互相抵触，则不再以公证遗嘱内容为准，要以设立时间最晚的那份遗嘱为准。D 先生手握的公证遗嘱设立于 3 年前，而姐姐手握的遗嘱设立于 1 年前。单从设立时间来看，姐姐的遗嘱是有效遗嘱。

【规划建议】

实践中如果要确保公证遗嘱是有效的，它必须是当事人留下的最后一份有效遗嘱。虽然现行的法律规定遗嘱的有效性是以设立时间来确定的，公证遗嘱在《中华人民共和国民法典》施行后效力不再优先，但在实践中，公证遗嘱还是有不少优点的。它的法律效力较为明确，继承人查询遗嘱、对遗嘱设立过程中的取证都比较容易，同时立遗嘱人身故时，继承人要办理的继承权公证也是在公证处办理的，在办理遗产继承的效率上有一定优势。

【案例 5】打印遗嘱，每一页都要签字

E 先生在母亲身故后找到一份打印遗嘱。这份遗嘱，洋洋洒洒写了母亲对家人的期许、愿望以及财产分配的方案，一共有 7 页之长。在遗嘱的末尾母亲清晰地写有签名和日期，遗嘱的末尾也有两位见证人的清晰签名。他拿着这份遗嘱去公证处办理继承权公证，那么他的这份遗嘱有效吗？

打印遗嘱，字面意思，就是通过打印的方式订立的遗嘱。随着人们书写习惯的改变，目前已经很少有人书写大段的文字。打印遗嘱可修改、易储存、能复制，可能是未来应用最普遍的一种遗嘱形式。

《中华人民共和国民法典》第一千一百三十六条规定：打印遗嘱应当有两个以上见证人在场见证。遗嘱人和见证人应当在遗嘱每一页签名，注明年、月、日。E 先生的母亲留下的遗嘱，只有最后一页的签字，其他页都没有签字及日期，不符合打印遗嘱的要求，因而是一份无效的遗嘱。

【规划建议】

订立打印遗嘱，需要两个及以上见证人在场，且遗嘱人和见证人要在每一页上签字。也就是说，打印的遗嘱，不管写多长、有多少页，每一页上至少应有 3 个签名和日期。如果想要遗嘱的法律效力不被挑战，一定要严格遵循法律规定的打印遗嘱的全部形式要件，否则可能导致遗嘱无效。

【案例6】口头遗嘱，仅适用于危急情况

F女士在医院做B超检查时，发现了自己是宫外孕且孕周已大，随时面临大出血的风险。医生建议F女士立即行使输卵管切除手术。在术前提醒告知内容里，F女士意识到自己可能会出现大出血等危急情况。F女士紧张之余，在医院两位护士的见证下，立下口头遗嘱处置自己的财产。

手术进行得非常顺利，几天后F女士顺利出院了。过了两年和别人讨论起遗嘱问题，她说自己曾立有口头遗嘱，已经做过了遗嘱的安排。

那么，当初危急情况下她立的口头遗嘱还有效吗？

《中华人民共和国民法典》第一千一百三十八条规定：遗嘱人在危急情况下，可以立口头遗嘱。口头遗嘱应当有两个以上见证人在场见证。危急情况消除后，遗嘱人能够以书面或者录音录像形式立遗嘱的，所立的口头遗嘱无效。

从《中华人民共和国民法典》法规的解读中即可知道，F女士在危急情况时订立的遗嘱，已经无效了，因为她的手术很成功，她恢复得很好，危急情况已经解除。

【规划建议】

根据《中华人民共和国民法典》的规定，口头遗嘱有两个关键点：

第一，必须是危急情况下才能设立。根据其解释，这种危急情况必须维持至立遗嘱人去世，或者身体状况已经不允许再订立其他形式的遗嘱，否则该遗嘱无效。

第二，设立口头遗嘱时，必须有两个或两个以上的合格见证人，且见证人必须具有完全民事行为能力且跟继承人等无利益关系。

口头遗嘱虽然设立方便，但其有一定的时效性，且口头遗嘱容易被篡改、被遗忘，并且难以追溯，要真实、有效地复原当事人的遗愿有一定难度。

所以，口头遗嘱并非最优选择，遗嘱应该更早、更全面地规划。一辈子的财富获取不易，我们要更重视财富的长期规划和传承。

常见问题解答

一、为什么要设立遗嘱？

遗嘱是实现家庭财富传承中最基本、最常见，也是最方便的工具。一份遗嘱能帮助立遗嘱人清晰梳理自己所拥有的财产和负债；能保证自己的财产按自己的意愿分配，避免财产被法定继承；能减少家庭纠纷的产生、表达对家人的爱意；遗嘱的设立也是对自己人生的回顾，让我们更好地体会生命的意义。

二、大概什么年龄需要设立遗嘱？

遗嘱是利他的，设立遗嘱是当事人责任心的体现，因而45岁左右被认为是设立第一份遗嘱的合适时间。这个年龄段的人，上有老下有小，积累了一定的财富，对生命也有自己的感悟，同时这个年龄人的通常责任心更强、思维也更理性。

三、设立遗嘱必须要请律师或者专业人士吗？

不是。如果家庭情况不是特别复杂，财产线索也很容易梳理，在了解遗嘱的法定形式的基础上，自己设立就可以。

四、独生子女的父母还需要立遗嘱吗？

首先，子女、配偶及父母都是当事人的第一顺序继承人。如果希望把遗产多留给子女一些，就需要设立遗嘱表明分配意愿。

同时，如果当事人身故时，子女是已婚状态，那么在没有约定的情况下，子女通过法定继承获得的财产，都是其与配偶的夫妻共同财产。如果发生婚变，这部分继承来的财产就需要分割。

所以从风险管理的角度来说，哪怕只有一个子女，也应该设立一份遗嘱，帮助子女保护财产。

五、小 G 是独生子女，已婚。小 G 的父母都在世，爷爷奶奶也在世，假如小 G 的父亲身故，按照法定继承，小 G 可以获得多少遗产？

假设小 G 父母的共同财产是 100 元，其中，50 元属于他母亲。小 G 父亲可以分配的遗产是 50 元。因为小 G 父亲的第一顺序的法定继承人一共有 4 位在世，分别是小 G 的爷爷、奶奶、母亲以及小 G。所以这 50 元的遗产要在 4 人之间平均分配。如果每个人都不放弃遗产，按法定方式分配，每人能继承 12.5 元。而小 G 已婚，婚内继承的遗产为夫妻共有。因而她实际分得的遗产是 6.25 元，还有 6.25 元属于她的配偶，如图 4-3 所示。

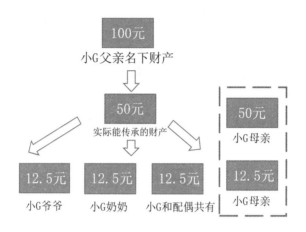

小G父亲法定遗产继承流程

图4-3　G父亲的遗产分配方式

也就是说，小 G 父亲名下看似有 100 元的财产，按照法定分配的方式，分到宝贝女儿小 G 的手上，只有 6.25 元。

六、立遗嘱必须要告诉家人吗？

不一定。当事人可以设立遗嘱处置个人的合法财产，并不需要告知其他任何人。但是，设立完遗嘱一定要注意遗嘱的保管，以免去世后家人找不到遗嘱，从而导致找不到遗产线索，让当事人美好的财产分配愿望落空。

七、遗嘱什么时候生效？

遗嘱在当事人去世时开始生效。若其留下了多份遗嘱，且处置的是相同的财产，则以最后一份有效遗嘱为准。

八、我可以把财产留给法定继承人以外的人吗？

可以。当事人可以依法设立遗嘱，处置个人的合法财产。需要注意的是，如果想将财产留给法定继承人以外的人，受遗赠人需要在 60 日内明确表示是否接受。如果没有表态为"接受"，法律上的认定就是"放弃"，这部分财产将按照法定继承方式分配。

九、家人过世，如何继承遗产？

《中华人民共和国民法典》继承篇第一千一百二十三条规定：继承开始后，按照法定继承办理；有遗嘱的，按照遗嘱继承或者遗赠办理；有遗赠扶养协议的，按照协议办理。

如果各方协商一致，不管以哪种方式办理继承，都需要去公证处签署继承协议、办理继承权公证书，再凭继承权公证书到银行或者各个交易中心办理过户。

另外，实践中房产过户比较特殊。个别房产交易中心不需要继承权公证书就可以办理房产过户，但全体继承人、受遗赠人必须亲自到不动产登记中心去。关于是否需要继承权公证书才可以办理过户，根据房产所在地不同，需要与所属交易中心进行沟通，以确认房产过户所需的材料和流程。

如果各方不能协商一致，则一方可以向法院提出异议，由法院审理继承案件，结束后，继承人持判决书或调解书办理遗产的过户。

十、遗嘱继承有什么缺点？

当事人过世后，若要办理继承，遗嘱对所有继承人都是公开的。如果当事人有些分配方案不想被一部分继承人知道，可能无法实现。

同时，遗产继承流程烦琐，如果有纠纷，还可能产生应诉费用。对于被继承人而言，遗产继承前的现金流可能出现困难。

十一、不方便公开的财产分配方案，建议用什么方式去传承？

对于大多数人而言，传承主要有两种方式：第一种是生前赠与。就是当事人生前就把财产赠与想要给到的人。第二种是寿险传承，通过寿险指定受益人的保险赔款，受益人凭简单材料就可以领取，不需要告知第三人。

十二、公证遗嘱和继承权公证，有什么区别？

公证遗嘱，是《中华人民共和国民法典》规定的六种法定形式之一。如果遗嘱不公证，而采用其他的法定形式，遗嘱仍是有效的，遗嘱不是必须公证的。

而遗产继承的方式，只有公证继承和诉讼继承两种。如果不走诉讼继承，就必须到公证处办理"继承权公证"确认自己的继承人身份，再凭继承权公证书到各个交易中心或银行等办理遗产过户。所以，继承权公证是公证继承必须办理的手续。

同时，公证遗嘱是当事人生前去公证处办理的，继承权公证是当事人的继承人为了继承遗产去公证处办理的。这两个公证的办理主体也不同。

（05）

寿险规划：
最好的现金管理工具

遗嘱是兜底的传承工具，但是遗嘱继承执行过程冗长，且对所有继承人公开，如果当事人有不想被外人所知的秘密，就不太适用遗嘱继承。

在全世界范围内，寿险的传承作用被广泛认可，它能私密、高效地完成传承规划，是不可或缺的现金管理工具，也是遗嘱的绝佳补充。

保险的常识

保险可以保障的对象和范围极其广泛。一辆车、一栋楼、一个人，都能上保险。本书探讨的保险仅与人身相关。

现实生活中，很多人都购买过保险，但对于保险常识可能了解得并不多。选哪家保险公司、保费高低、现价高低、增值服务等都是需要注意的问题。

而我最关心的是四个问题：第一，购买的保险类型是否符合需求；第二，保额是否足够；第三，投保人、被保险人、受益人的架构设计是否合理；第四，保单有没有根据现实生活的变化做动态的调整。

其中的第二点，投保人、被保险人、受益人三者的架构设计非常重要。不同的架构设计，能起到的作用可能完全不同。因而只有非常清楚地了解投保人、被保险人、受益人三者在保险架构中到底扮演了怎样的角色，以及各自在保险配置中的价值，才能更好地通过保险规划达到自己的目的。

先来看投保人。

既然可以作为资产配置的一部分，那么保单必然是一份"资产"。在投保人、被保险人、受益人中，这份资产属于谁？属于投保人。

投保人，是指与保险人订立保险合同，购买保险并交纳保险费的人。保单的持有人，不是被保险人，也不是受益人，而是投保人。投保人可以是被保险人本人，也可以是与被保险人有可保利益关系的人，比如父母、配偶、子女、祖辈。

保单是属于投保人的资产，因而让谁做投保人极其重要。

再来看被保险人。

本书主要探讨寿险，此处就以终身寿险的被保险人为例。

终身寿险合约中，被保险人全残或者死亡，就是触发保单赔付的事件。所以被保险人的生命，就是保单的标的。保单合约中，只有被保险人是确定的、不能变更的。因为保险公司是否愿意承保，以及承保的保费高低，都和被保险人的年龄、性别、身体状况有关。保单一旦成立，被保险人就不能变更。

这里做一个关于年金险的补充，年金险大部分的被保险人也是生存受益人，可以领取保险公司定时支付的保险金。也有的保险公司约定年金领取人可以是投保人自己。

最后是受益人。

受益人，是指保险事故发生时，在保险公司享有保险金请求权的人。

受益人可以分为身故受益人和生存受益人。

第一，身故受益人。

终身寿险的受益人是身故受益人，我们通常直接称为受益人。如无特别指明，本书中的受益人皆指身故受益人。身故受益人可以法定，可以指定，更可以指定多个受益人。

第二，生存受益人。

在年金类的保险中，领取生存保险金的那位，叫生存受益人。生存受益人通常是被保险人，但也可能是投保人，不同保险公司的产品会有详细说明。年金类的保单除了有生存受益人，还可以有身故受益人。生存受益人和身故受益人一定是不同的两个人。

受益人是谁，在配置保单时都必须确定。生存受益人一般是被保险人或者是投保人。但身故受益人，通常会出现以下三种情况：

第一，法定受益人。

投保时，若投保人在保单受益人处填写的是"法定"，则投保人的法定继承人在被保险人死亡后可以共同获得保险赔偿金，但法定继承人需要通过法定继承的流程证明自己的身份才可以获得赔款。

第二，指定受益人。

指定的受益人可以是一个，也可以是多个，多个受益人可以属于同一顺序共同继承赔款，也可以分先后顺序。根据《保险法》第四十条：被保险人或者投保人可以指定一人或者数人为受益人。受益人为数人的，被保险人或者投保人可以确定受益顺序和受益份额；未确定受益份额的，受益人按照相等份额享有受益权。

第三，没有指定受益人（没有受益人）。

没有受益人的保单，身故赔款会变成其遗产，是很糟糕的一种情况。因而我一直强调，要多设置几个受益人，多设置几个顺序的受益人，且家庭情况发生变化时，一定要重新审视保单架构的合理性。

保单被认定为没有指定受益人的情况包括：保单只有一个受益人，但受益人先于被保险人身故；设立保单时两人是夫妻关系，而发生保险事故时两人离婚。

表5-1中对不同受益人在继承时的情况做了对比。寿险合同中有约定：如果保单指定受益人，凭被保险人死亡证明、受益人本人身份证等简单材料就可以领取保险赔款，因而理赔流程简便快捷且私密；如若受益人为法定或者因特殊情况没有受益人，则受益人需要先证明自己的身份，才有机会获得保险赔款，因而理赔流程冗长且公开。

表5-1　不同受益人类型的比较

项目	私密	理赔流程	遗产	赔款是否是继承人的夫妻共有财产
指定受益人	私密	简便快捷	否	不是
法定受益人	公开	复杂冗长	否	不是
没有受益人	公开	复杂冗长	是	是

同时，根据最高人民法院〔1987〕民他字第52号《关于保险金能否作为被保险人遗产的批复》，指定受益人的，被保险人死亡后，其人身保险金应给付受益人，不作为遗产处理。因而指定受益人及法定分配的保险赔款，都不是被保险人的遗产；但据《中华人民共和国保险法》第四十二条，被保险人死亡后，有下列情形之一的，保险金作为被保险人的遗产，由保

险人依照《中华人民共和国继承法》的规定履行给付保险金的义务：

（一）没有指定受益人，或者受益人指定不明无法确定的；

（二）受益人先于被保险人死亡，没有其他受益人的；

（三）受益人依法丧失受益权或者放弃受益权，没有其他受益人的。

受益人与被保险人在同一事件中死亡，且不能确定死亡先后顺序的，推定受益人死亡在先。

因而没有受益人的保单，是被保险人的遗产。保单是否是被保险人的遗产关乎两个问题：一是遗产税。如果赔款不是遗产，即使开征遗产税，也基本不用担心保单的赔款需要缴纳遗产税，除非遗产税出台时又附加了相关规定。二是债务隔离。《中华人民共和国民法典》第一千一百五十九条规定：分割遗产，应当清偿被继承人依法应当缴纳的税款和债务。但赔款如果指定了受益人，则不是遗产。不是遗产，自然也不用去清缴死亡者的税款和债务。通过保单指定受益人这样的规划，可以防止自己的债务向家人传递。

最后，《第八次全国法院民事商事审判工作会议（民事部分）纪要》关于婚姻家庭纠纷案件的审理部分第五条第一款规定：婚姻关系存续期间，夫妻一方作为受益人依据以死亡为给付条件的人寿保险合同获得的保险金，宜认定为个人财产，但双方另有约定的除外。由此可见，若保单的受益人为"指定"的，则属于夫妻一方的个人财产，而非夫妻共有。用保单来规划子女的婚姻财产，作用显而易见。

认识寿险

按照保障内容划分，人身保险可分为：健康险、意外险和人寿保险，如图 5-1 所示。按照保障内容划分，不同保险种类的功能和作用基本不可替代。选什么样的保险，取决于自己要解决什么样的问题。

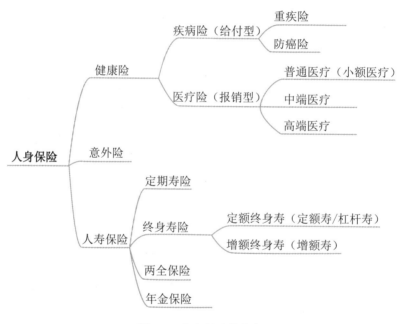

图5-1　人身保险的分类

其中，人寿保险，简称寿险，是以人的生命为保障前提，被保险人在合同期间发生规定的事故，受益人即可获得保险赔偿金的一种保险。

人寿保险分为定期寿险、终身寿险、两全保险和年金保险。

本书主要介绍涉及按照保障内容划分的终身寿险和年金保险。

定期寿险

定期寿险，简称定寿，是指在约定时间内，被保险人一旦身故，保险公司就赔一笔钱。市面上在售的定期寿险有保障到 60 岁的，有保障到 70 岁的，也有保障到 80 岁的。保障到 60 岁的特别便宜，杠杆很高，但是对被保险人的身体条件要求也很高。一旦在保险期间内被保险人死亡，保险公司将会偿付一笔大额赔款给到受益人，但如果超过约定时间被保险人依然在世，那么就得不到任何赔付。

终身寿险（定额、增额）

终身寿险，就是保终身的寿险，以被保险人的寿命为保险标的。人终有一死，因而赔付一定会发生。所以终身寿险比较贵，保障责任比较明确，只保身故和全残。不管身故的原因是疾病、意外或其他，甚至投保两年后自杀也能获得赔付。

作为家庭的顶梁柱，通常上有老、下有小，且承担家庭大部分的支出。如果身故，不仅家庭断了收入，还可能会牵连到其生前的贷款、房贷、车贷等债务。寿险的投保可以解决这个问题。被保险人离世，会让家庭获得一笔补偿性的收入，同时也实现了财富的传承。

常见的终身寿险又可分为定额终身寿险和增额终身寿险。

"定额终身寿"，指的是被保险人身故时保额确定的寿险，简称"定额寿"。比如一个 40 岁男子，一年花 20 万元左右的保费，缴 20 年，就可以获得 1000 万元的身故保障，不管是第二年意外身故，还是缴完 20 年之后才身故，保险公司都是确定赔付 1000 万元，所以称之为"定额寿"。也因为其杠杆较高，所以也有个形象的称呼，叫"杠杆寿"。

"增额终身寿"，指的是随着时间的推移，保额不断增加的终身寿险，简称"增额寿"。银行里能买到的寿险基本都是增额寿，因为它有保值增值的功能，和其他理财产品有共通之处。不过现实中请不要被销售人员误导，增额寿里保额的概念并不太重要，增额终身寿的数据表现主要看现金价值。

在本书后面的章节，我们经常会提到"定额寿"和"增额寿"。

在中国人的传统观念里，讨论"死"是一件不吉利的事。但寿险除了以生命为标的、以死亡为赔付条件以外，投保人在被保险人生存期间，通过保单功能的合理运用，可以高效、私密、安全、有温度地完成资产的传承，以及企业与家族资产的隔离与保全，同时还可以实现资产的流动性以及解决养老等一系列问题。即一种工具的运用，同时实现多种功能，如表5-2 所示。

我最早学习保险，是因为想了解它的税收优化功能。但揭开寿险的面纱之后，我极为震惊。我时时感叹它功能的强大，且其中的种种，并不为大众所熟知，更不要说应用。它融金融与法律功能于一身，在某些功能上，实在没有比它更好、更简便的工具了。关于一种工具、多种功能的实现，后续的章节会介绍具体的案例。

表5-2 不同保险类型的功能和价值

保障类型	需求层次	产品类型	功能和价值	每一类产品 只解决一个问题
资产保障	底层资产 资产配置 财富传承	1. 增额寿 2. 杠杆寿 3. 年金	1. 资产配置 2. 代际传承 3. 税务优化 4. 资产隔离与保全 5. 跨境规划 6. 婚姻财产规划	只和"钱"有关，资产配置的一部分，和生病、意外无关
保障类	死伤类	意外险	解决伤残造成的财务损失，通常认为合理的保额是个人年收入的5～10倍	只管意外，比如车祸、被动物抓伤等
		定期寿险	1. 主要解决家庭主心骨离世造成的家庭收入来源中断的风险 2. 一般情况下覆盖偿还房贷、抚养子女、赡养老人和照顾配偶的费用	管约定年龄内、所有原因的身故
	健康类	疾病险 如：重疾险	1. 减少疾病导致的家庭收入减少或者支出增加的压力 2. 保额一般配置年收入的3～5倍	只管指定疾病，不管意外（给付型）
		医疗险	解决医疗费用问题，可以分为普通医疗、中端医疗、高端医疗	管约定的医疗费用报销（报销型）

两全保险

两全险，即生死两全险，它可以保证被保险人无论如何都能得到一笔钱。投保两全保险，既可获得保险保障，又获得了一笔特殊的零存整取的储蓄。

但因为无论如何保险公司都要进行赔付，所以它比其他单一的险种保费要贵一些。两全险一般是作为附加险销售的，通常会搭配在医疗险和重疾险当中。

年金保险

年金，以被保险人生存为条件，在保险期间，保险公司按年或月给付生存保险金，直至被保险人死亡或合同期满。它是生存保险的一种，只要被保险人生存，保险公司就要按照约定在一定周期内给付约定的保险金。

本书讨论的年金仅为个人缴费的商业年金。通过商业年金进行的家庭资产配置，不但安全又稳定，而且还能起到强制储蓄、专款专用、风险隔离的作用，并能为未来积累起一笔可观的保障，无论用于养老、孩子教育还是自身创业，都是非常确定且安全的选择。

这里需要补充的是，年金险是争议最小的险种。之前诸多对保险的诟病主要集中在健康险和意外险的赔付上，这个问题的解释比较复杂，非本书主要探讨的内容。年金险的健康告知非常简单，赔付条件是一定时期内的生存，即在约定时间段内，只要人活着就给付保险金，因而争议非常少。

在孩子受教育阶段给付的、等退休后开始给付一直到终身的、缴费5年后开始领取直至终身的保险金，都属于年金。为了便于区分这里提及的三种年金，通常我们分别称之为教育年金、养老年金、投资年金。

作为传承工具的寿险

寿险因其极高的确定性、私密性，在传承的规划上，是遗嘱的绝佳补充。通过寿险，当事人在生前拥有资产的控制权，身故之后又能实现私密、确定的传承。针对现金传承规划，寿险是非常私密、有效的一种工具，然而寿险的传承功能往往不为大众所熟知。

寿险传承的误区

对于寿险传承，有四种常见的认知误区。

误区 1：我有遗嘱就好了，不需要其他传承工具。

遗嘱是兜底的传承工具。设立遗嘱能规划当事人名下的所有财产，设立遗嘱也是自己对自己财产的系统梳理和回顾，更是自己对财富更长期、周全的规划。但是遗嘱继承执行过程冗长，且对所有继承人公开，对于当事人不想被外人所知的秘密，就无法起到保护作用。同时，若有继承人不同意遗嘱分配方案，可能会陷入无休止的纷争，甚至导致亲人对簿公堂。

因而，光用遗嘱规划遗产显然不够，为了完成没有争议的传承，且快速、私密地完成资产的转移，需要其他更高级的传承工具进行补充，比如寿险和信托。

误区 2：我的保险买得足够多了。

保障是否充足，并不是由保单的数量决定的，而是由保额决定的。如果保单的数量很多，但加在一起不能和自己的收入及身价匹配，或者不能给家人带来足额的现金流，这样的规划并不能说是一个合理且充足的保障规划。

误区 3：寿险等我想买的时候就能买，我可以再等等。

寿险是保险产品，和其他金融产品不同，它要以被保险人的身体为标的。以生命为标的的定期寿险和终身寿险，对于身体的要求都非常高。配置保单时，就需要向保险公司如实提交健康告知资料，如果身体不符合保险公司的要求，可能会被要求增加保险费用，甚至被保险公司拒保。

同时，如果在规划阶段已经显现债务危机，即使成功配置了保单，未来也会面临被撤销的风险。

所以，寿险并不是想买就可以买，如果觉得寿险对于自己整个资产配置以及传承过程中的功能非常重要，在财力允许的情况下，最好尽早规划。

误区 4：资金传承有股票就够了。

股票算创富工具，寿险算传承工具；股票自益，寿险他益。父母的股票属于他们自己；而寿险"三权分立"，在父母身故后能直接成为子女的资产。

股票如果在继承流程中发生了一些意外，也许会导致资产外流。同时，作为投资工具，股票的收益是不确定的，也没有杠杆。而寿险的传承对象是确定的，也有一定杠杆，所以从传承角度来说，寿险要优于股票投资。

寿险的优势

在国内，保险一直被认为仅仅是风险对冲的工具，大家给自己买的保险，也多集中在重疾险、医疗险等险种。而事实上，终身寿险是绝佳的现金管理和传承工具，它的价值和功能长期被忽视。

当事人给自己买寿险，活着的时候，他可以对保单进行取现、贷款等操作，灵活运用这笔安全资产，用于自己的现金流需要、养老保障；而离世以后，其指定的受益人凭简单材料就能领取保险赔偿金，对当事人而言，就高效、私密地完成了现金资产的传承。

除了以上的作用，终身寿险的规划还能优化当事人的资产结构。为了把终身寿险的功能阐述得更加明确，我把它们的优势进行了拆解，并归纳成了寿险的十二大功能。

第一，优化资产结构。

我国的高净值人士普遍房屋资产占比过高，保险类权益资产配置过低。而作为一种重要的资产避险方式，将部分资金投入寿险能提高资产的流动性和安全性，优化资产结构。

第二，强制储蓄。

创富不等于守富。赚得多，投得多，有时反而花得多、亏得多，最终没能留下什么。一般来说，人在年轻时往往投资能力较强，但随着年龄的增长，投资判断能力会下降，因此而导致投资失败的案例也比比皆是。

通过保单进行强制储蓄，可以避免自己在春风得意时乱投资而导致的投资亏损、资金耗尽，实实在在地把钱有规律地存下来。

有了基本的足额保障，没有了后顾之忧，自己就能集中精力去做更喜欢的事情。

第三，收益锁定。

根据 2023 年初的数据，工商银行三年期定存利率为 3%，五年期定存利率为 3.05%。而利率继续下行是普遍预期。增额终身寿险能锁定被保险人终身的利率，数字写进合约，不管未来市场利率如何变化，写进合约的这部分收益始终是确定的。

关于这个优势没有其他的金融工具可以做到，而建立一个安全且确定的现金流是财富规划中不可或缺的。

第四，生前的资金流动性。

被保险人活着时，保单对于投保人的流动性，我们称之为生前流动性。

被保险人离世后，保单对于受益人的流动性，我们称之为身后流动性。

对投保人而言，保单的生前流动性能通过三种方式来实现：保单"贷款"、直接申请领取一部分现金价值，以及退保。

首先是贷款。

保单贷款的限额通常为现金价值的 80%，这一约定会被写进合约。

用保单进行贷款，使用完资金后可以将资金放回寿险账户。与此同时，寿险账户仍以未贷款前的金额为基础不断增值。比如，寿险账户有 100 万元现金价值，当贷款 80 万元之后，账户仍然按照 100 万元产生复利。

同时，保单贷款可以只还息，永远不还本，当保险事件触发时，才从赔款里扣除这笔资金，这种方式比其他任何的贷款方式都要灵活。比如，用一张现金价值为 1000 万元的保单贷出 800 万元，若始终只还息不还本，则当被保险人身故时，实际的身故理赔金假设为 1400 万元，此时才需要减去贷款拿出来的 800 万元，将 600 万元作为身故的实际赔偿金额。

当发生现金流危机时，请别忘了看看自己曾经购买过的保单是否可以提供足够的流动性。

其次是减保。

直接从保单内申请领用一部分现金价值，这个行为类似于银行的取现，专业术语叫作"减保"。单张保单每年能减保的金额一般为保费或者保额的 20%，具体以合约为准。

和保单贷款不同的是，从账户内减保拿出来的钱，就不能再放回保单内。如果还要把钱放入保险，只能购买新的保单，按当时约定的利率进行增值。

划重点，虽然减保取出的钱不能再放回保单按原利率增值，但是，如果能意识到通过增额寿保单的规划，一方面锁定终身利率，另一方面通过减保提供资金的流动性，则是寿险保单的高阶应用。

目前，熟悉并灵活运用保单贷款或减保获取资金流动性的人并不是很多，这也是本书需要向大家重点展现和强调的部分。至于更多的应用和探讨，读者可关注"安安有家办思维"视频号了解。

最后是退保。

退保就是整张保单不要了，保险公司会按当时的现金价值退还资金给投保人。如果遇到市场利率升高、投保人要出国，或者其他任何不想再保留保单的原因，投保人可以通过申请退保，和保险公司解约。

因此，解约也是获取生前资产流动性的一种方式。

第五，身后的资产流动性。

对终身寿险的受益人而言，当被保险人身故，保险公司会进行赔款，受益人凭简单资料就能获得这笔资产，这就是身后的资产流动性，也是寿险能作为高阶资产传承工具的原因。

理赔资料简单，这点对于家庭资产传承来说非常重要。办过遗产继承的人都知道，国内的遗产继承流程十分复杂且公开，只要有一个继承人不同意遗产的分配方式，就要进入长期的调解过程或诉讼流程，耗时长且费钱，并具有极大的不确定性。

因而，如果当事人把财产继承放到生前来周密考虑，给自己安排一份寿险，把最想照顾的那位或那几位设置为寿险受益人，那么当自己身故时，最想照顾的那位或几位仅凭简单材料就能申领保险赔款，直接获得流动现金，省去了继承遗产的烦琐手续，也没有争议。

这笔赔款除了能在当事人身故后，直接给到家人一笔资金保障生活必需开支外，还有一个重要的用处，就是如果在其他遗产继承中发生诉讼，这笔钱还能为应诉提供财力，因而寿险赔款也是当事人为受益人继承遗产准备的现金。

第六，婚姻财富规划。

婚前的财产，在婚后容易发生混同，这一点在第二章婚姻风险中已有阐述。离婚时，混同的财产可能会被认定为夫妻共同财产而被分割。自己的财富、给孩子的财富，都存在这个问题。而通过寿险购买时间的规划、架构的设计，可以让保单在婚后仍旧保留个人财产的属性，防止离婚时被分割。

同时，指定受益人的寿险赔款，是个人财产而非夫妻共有。①

因而，想将资产在自己离世后全留给子女，而非成为子女夫妻共有财产的父母，可以指定子女为保单的受益人，直接实现这样的愿望，而不需要在遗嘱内做特别约定。

由此可见，寿险保单对于自己的婚前财产，子女的婚前财产、再婚财产、婚内继承财产等规划都有极大作用。

第七，隐私保护。

指定受益人的保单，受益人仅凭简单的资料，就可以向保险公司申领被保险人身故的赔款。这意味着：第一，保单赔款的申领过程，除非受益人未成年，否则不需要其他人的参与；第二，在受益人知道保单存在的情况下，这笔资产传承的安排不需要写入遗嘱，因为受益人获得的是赔款，而非遗产。

以上两点，都大大保护了被保险人和受益人的隐私，既达到了财富传承的私密性，也能有效避免不必要的家庭矛盾和纠纷。

所以，若想在自己身故后特别照顾家庭中某一位或几位成员，或不太方便公开自己的传承安排，那么通过保单方式传承现金资产，无疑起到了隐私保护的作用，提高了传承的确定性。

---

① 根据《第八次全国法院民事商事审判工作会议（民事部分）纪要》关于婚姻家庭纠纷案件的审理部分第五条第一款：婚姻关系存续期间，夫妻一方作为被保险人依据意外伤害保险合同、健康保险合同获得的具有人身性质的保险金，或者夫妻一方作为受益人依据以死亡为给付条件的人寿保险合同获得的保险金，宜认定为个人财产，但双方另有约定的除外。

第八，定向财富传承。

法定继承的分配方式往往不是当事人最希望看到的，而即使留有遗嘱且被精心设计，遗产继承执行起来也不容易。而通过寿险的规划，可以提前锁定需要传承的财富，由当事人生前掌控，离世时再向指定的人进行传承。

指定的受益人获取保险赔偿金的手续简便，过程也很私密，因而通过寿险保单的设计能实现财富所有权的定向转移及传承，确定性非常高。

第九，财富放大效应。

银行存款、股票基金的传承没有杠杆，而寿险传承有。寿险的一个重要特点就是资金的放大功能。购买保险的人是投保人，投保人支出给保险公司的是保险费。而当被保险人身故时，保险公司赔付给受益人的金额，都会大于已缴保费，实现财富的放大效应。

第十，税务筹划。

利用保单进行传承时，税收优化功能主要体现在遗产税和个人所得税上。

遗产税方面：驱动高净值人群提前规划财富传承的一个直接动因来自对开征遗产税的担忧。需要注意的是，我国目前并没有遗产税，是否会开征仍属未知数。

个人所得税方面：根据我国《中华人民共和国个人所得税法》第四条第五款，保险赔款免征个人所得税。因而以保单形式传承财富时，身故受益人获得的保险赔偿金，无须缴纳个税，也没有其他费用，税费成本为零。

同时，将一部分财产用寿险进行传承，当事人的资产总额就降低了，即使未来开征遗产税，应纳税所得额也降低了，从而可能降低税级，达到优化遗产税的目的。

第十一，风险隔离。

企业家在经营企业的过程中时刻面临各类风险，而保单可以通过对投保人、被保险人、受益人的设计，实现企业和家庭风险的隔离。

保单的风险隔离作用分生前隔离和身后隔离。

首先是生前隔离。

保险的投保人、被保险人、受益人"三权分立"。保单是投保人的资产，投保人可以利用保单架构的设计进行债务隔离，比如让没有债务的人持有保单；从时间上进行规划，比如在风平浪静时做保险规划；选择持有低现价的产品，这样就没有资产可以被法院执行。这些方法，从一定程度上都可以隔离本人生前的债务。

其次是身后隔离。

假设 A 过世，A 的儿子是他保单的身故受益人，那么 A 的儿子获得的保险赔偿金，不是 A 的遗产。所以，A 先生即使欠债，他身故后通过保单确定传承给儿子的资金也并非遗产。儿子收到的赔款归他个人所有，不需要去清偿父亲生前所欠的税款和债务。

需要说明的是，最高人民法院〔1987〕民他字第 52 号《关于保险金能否作为被保险人遗产的批复》规定，有指定受益人的，被保险人死亡后，其人身保险金应给付受益人，不作为遗产处理。《中华人民共和国民法典》继承编第一千一百五十九条规定：分割遗产，应当清偿被继承人依法应当缴纳的税款和债务；但是，应当为缺乏劳动能力又没有生活来源的继承人保留必要的遗产。

《中华人民共和国民法典》继承编第一千一百六十一条规定：继承人以所得遗产实际价值为限清偿被继承人依法应当缴纳的税款和债务。超过遗产实际价值部分，继承人自愿偿还的不在此限。继承人放弃继承的，对被继承人依法应当缴纳的税款和债务可以不负清偿责任。

拥有债务的人可以通过这个方式，去规划寿险。如果自己遭遇不幸，至少隔离了自己的债务，也能用保险赔款给到家人一份最基础的生活保障。

第十二，资产出境。

如果受益人是外籍身份，大额寿险赔款能直接换汇出境，不受 5 万美元的限制。[①]《个人外汇管理办法实施细则》第十九条规定：境内个人向境内经批准经营外汇保险业务的保险经营机构支付外汇保费，应持保险合同、保险经营机构付款通知书办理购付汇手续。境内个人作为保险受益人所获外汇保险项下赔偿或给付的保险金，可以存入本人外汇储蓄账户，也可以结汇。

哪些人特别建议配置寿险

寿险规划有特别多的优势，有不同的应用场景。用寿险规划资产传承也适用于每一个人，有以下情况的人，我尤其建议做寿险配置。

第一，想投资但没有好的投资渠道。虽然我一直强调增额终身寿的利率是最不值得关注的一方面，但是和其他投资能产生的收益相比，增额寿

---

① 《个人外汇管理办法实施细则》第二条：对个人结汇和境内个人购汇实行年度总额管理。年度总额分别为每人每年等值5万美元。国家外汇管理局可根据国际收支状况，对年度总额进行调整。

的增值金额确定，写进合约，收益也相对可观。而受大环境的影响，目前的投资渠道非常有限，因而最基础的寿险配置应用场景就是储蓄，锁定终身复利。

第二，担心遗嘱遗失或无效。之前有提过：遗嘱需要妥善保管，如果遗嘱找不到了，或是无法确定哪一份是最后的有效遗嘱，容易在家庭成员间产生矛盾；而寿险传承的对象是非常确定的，保险公司也都留有保单的资料，因而不用担心遗失等情况，这是寿险配置的独特优势。

第三，希望在传承时保留一些隐私。遗嘱是公开的，所有继承人都需要对是否同意遗产的分配进行表态，否则遗产无法进入继承流程。但是总有一些人有秘密不想公之于众，这样的情况就适合通过寿险规划来传承。成年的寿险受益人仅凭简单材料就可以向保险公司申请赔款，而不需要告诉第三者。所以用寿险来规划传承资金是非常私密的。

第四，想要隔代传承。在第四章遗嘱相关内容中讲到，爷爷想在自己儿子在世的情况下通过遗嘱把财产传给孙子，只有一种方式叫遗赠，如果60天内受遗赠人不表示接受遗赠，则遗赠无效。但是寿险规划可以更轻易地实现隔代的传承。以爷爷做被保险人，孙子做受益人的寿险，爷爷身故后，赔款就直接属于孙子，不会因为有时间的限定而导致传承无效。

第五，担心债务危机向下一代延续。如果财产是以遗产的形式留给下一代，下一代必须先清偿上一辈身负的税款以及债务，才能继承遗产。但是保单的赔款非遗产。因而下一代收到的赔款不需要去清偿上一辈的债务。

第六，希望尽快给到后代现金流。法定继承、遗嘱继承和诉讼继承，耗时都非常长，如果下一代需要上一辈的资金用于日常生活，而遗产继承没有完成，可能会导致后代的生活品质受到严重影响，而寿险赔款的领取非常方便，可以很快给到后代确定的现金流。

第七，助力后代规划资产出境。如果受益人具有海外护照，寿险赔款可以不受 5 万美元的汇率限制，直接出境，帮助受益人快速实现海外资产的布局。

第八，想要为后代规划税收。首先，保险赔款没有个人所得税。其次，未来不知是否会开征遗产税，如果开征，通过保单赔款获得的资金不属于遗产，大概率也不用担心遗产税的问题。

第九，想要为后代规划婚姻财富。大部分人不太愿意在婚前做婚姻财产协定，而遗产传承又有不确定性，此时寿险的独立性作用就显现了。通过保单可以规划子女的婚前财产，即在子女婚前缴纳完保费，子女婚后只能往外取用保单内的钱，而不可以再往里放钱，所以保单的独立性非常好，且确定是属于子女的婚前财产。

第十，想设立信托而当下资产达不到门槛。家族信托设立门槛是 1000 万元，保险金信托最低设立门槛为 100 万元。如果想要设立这两种信托的愿望迫切，但当下的资产达不到这个规模，可以运用寿险的杠杆达到设立信托的最低限额。此部分会在后续章节中展开。

寿险配置怎么做

如上所述，寿险在传承中的功能十分强大。要让寿险的传承和保障作用得到最大限度的发挥，在配置寿险保单时有一些关键点要特别予以重视，这里我把它们分成了八个小项。

尽早规划

保单并非想买就买。未来是不确定的，有些人总觉得自己还有时间，可以再等一等，结果等来的却可能是身体出现异常、投资失败缺乏资金、债务危机显现、意外死亡等特殊情况，错失投保的良机。因而，在了解了配置寿险的价值后，建议尽早规划。

资金来源要合法

在家庭风平浪静时设立的大额保单不代表没有风险。设立保单的资金应该来源合法，比如属于卖房所得、工资收入、投资收益等。如果购买保单的资金为非法所得或者没有完税，都有被追缴或者被强制退保的可能。

架构设计要合理

每家保险公司都有它独特的优势。个人认为，购买保单最重要的不是在哪家公司买，而是险种是不是买对、保单架构的设计是否合理、保障是否充足。

而保单是否能实现私密传承、是否能优化税费、继承流程上是否简便，有没有债务隔离功能等，都是通过架构的设计来实现的。

同样是从事保险行业，不同的保险顾问擅长规划的保险领域是不同的。因而，请懂传承规划的顾问做一个优秀的架构设计，并且根据时间的推移对架构进行动态规划和调整，十分重要。保险架构的设计主要分为投保人的设计、被保险人的设计和受益人的设计。

首先是投保人的设计。

投保人是资产的所有者，如果在终身寿险的保单中，投被保险人非同一人，保单成立后，我们建议投保人做保全，追加第二投保人。这样当投保人身故时，第二投保人就会生效。追加第二投保人可以避免投保人身故后，保单变成其遗产的情况。

投保人在生前更改投保人，也是保单赠与，可以实现自己的生前传承。

由此可见，投保人的设计是有讲究的，配置寿险前，请充分和顾问沟通自己的诉求，从而制订合适自己的方案。

通常，我们不建议有债务的人做投保人。

其次是被保险人的设计。

寿险保单的存在和被保险人的生命长度息息相关。

增额寿的被保险人越年轻，锁定保额复利的时间越长，后期每年现金价值增长的幅度越可观。如果单纯想要储蓄，可以选择孩子为被保险人。

但是如果要实现自己离世时的定向传承，建议自己做被保险人。

最后是受益人的设计。

保单的架构中，指定身故受益人非常重要，这将决定将来的保险赔款支付给谁。保单是否可以隔离身后债务，继承流程是否简便，是否能规避遗产税，保单的传承是否公开，也都取决于受益人的设计。关于受益人的设计，我有以下这些建议：

1. 必须指定受益人

最高人民法院就人寿保险金是否纳入遗产的问题有过明确意见：人寿保险金是否列入遗产，取决于其是否指定了受益人，如果没有指定受益人，则要列入遗产；如果指定受益人，保险金应给付受益人，不作为遗产处理。

2. 指定多个顺序的受益人

为了避免保单没有受益人的特殊情况发生，比如离婚或受益人先于被保险人身故，建议指定多位受益人。几位受益人的顺序可以是并列的，也可以有先后顺序；受益份额可以是等份的，也可以不等份，如表5-3所示。

表5-3　多位受益人情况下的身故保险金赔偿

情况	受益人的安排	身故保险金的赔偿
1	第一顺序受益人：100%女儿 第二顺序受益人：100%儿子	女儿活着，就全部赔偿给女儿 女儿身故，赔款才会赔偿给儿子
2	受益人：50%女儿，50%儿子	保险金均分给两个孩子
3	受益人：40%女儿，60%儿子	孩子同时获得赔偿金：女儿获得40%赔偿金，儿子获得60%赔偿金

3. 合理安排受益人

高净值人士在具体指定保单受益人时，还需考虑资产保全的因素。通常我们不建议有债务的被保险人将配偶设计为他的第一顺序继承人。

【案例解析】

A 女士要买一张 200 万元 ×5 年的增额终身寿。听了她的具体情况，我们建议购买相同的产品，但是把保单拆成三张：100 万元 ×5 年，50 万元 ×5 年，50 万元 ×5 年，如表 5-4 所示。乍一看，总的保费还是 200 万元 ×5 年，而且要做三次双录，徒添了麻烦，但是，这三张保单是不一样的架构，实现了不同的功能。

表5-4　增额终身寿保单拆分

保单序号	缴费	投保人	被保险人	受益人	主要功能
1	100万×5年	A女士	A女士	50%女儿 50%儿子	A女士身故时的定向传承
2	50万×5年	A女士	儿子	A女士	锁定儿子的终身复利
3	50万×5年	A女士	女儿	A女士	锁定女儿的终身复利

这里的第一张保单，我们还建议增加第二顺序受益人，比如她的先生，以避免发生极端情况保单没有指定受益人。

第二、第三张保单，我们还建议追加儿子和女儿为第二投保人。避免 A 女士突然身故后，保单变成她的遗产。

由此可见，在设计保单架构时多想一点，可以避免未来赔付时的诸多麻烦。合理且优秀的架构设计，也可以帮助投保人实现与自身需求更匹配的规划。

险种要买对，保额要买足

目前，寿险的传承功能还不为大家所熟知，因此配置寿险的家庭较少，不少中产及以上家庭会更普遍地配置重疾险。但如果在传承规划中想要用到保险工具，买的就一定得是寿险而非其他，这一点是非常明确的，险种必须买对。

同时，保额要买足。保单的数量不代表保单的质量。有些人买了很多保险，然而计算一下保障，离自己的需要可能远远不够。可以想象，留给孩子 10 万元、100 万元、1000 万元的赔偿金能带给孩子的帮助是完全不同的。每年给自己准备养老的金额是 10 万元、100 万元，孩子对自己的态度可能也是不同的。

因而规划足够的保额非常有必要，建议每个家庭都结合自己的实际情况合理规划。

夫妻都要规划

不少高净值人士持有的财产为夫妻共有财产，传承计划中最好有夫妻双方共同的参与，而不单是为创富的一方规划财产。

结合多种工具综合规划

保单虽能提供继承遗产时的现金流，也能解决现金继承的难题，但是高净值人群的家庭资产类型是多样的，且不一定都是本人持有。为了不给继承人造成太多的困扰，将保单与遗嘱、赠与、家族信托等方式结合，进行资产传承的综合规划也十分有必要。具体而言，主要有以下几种形式：

第一，将大额保单和遗嘱结合使用。

如父母以自己为投保人为子女购买大额保单，子女为被保险人，父母设立保单的同时也订立遗嘱，约定投保人身故，保单的现金价值由指定的人继承，这样，就能避免届时保单变成投保人遗产而产生的尴尬和纠纷。

第二，将大额保单与赠与结合使用。

比如父母在子女婚内，将保单投保人更改为子女，双方可以签订赠与协议确定赠与只属于子女一方，与其配偶无关；比如父母在生前，将现金赠与子女配置保险，又担心子女将这部分的钱挪作他用，也可以签订附条件赠与协议，约定子女只能用这笔现金购买指定的大额保单，并且不能退保，如果违背协议，则父母撤销赠与。将赠与与保单相结合，使传承规划更完善。

第三，将大额保单与家族信托结合使用。

大额保单没有办法解决受益人获得理赔资金后的使用问题，而信托是寿险的补充，能实现寿险赔款的再管理和分配，让寿险的规划更完整和持久延续。这部分会在下一章节中展开。

动态管理

一些家庭有提前规划的意识，但是规划完了就结束了，过几年被问起，甚至都不太记得几年前的安排。我们要强调，资产管理和传承管理，一定是动态的。因为当事人的身体状态、家庭结构和资产形态也是动态变化的，所以需要定期跟踪、评估和审视自己先前的安排是否符合当下的情况。

找专业人士规划

合理的寿险规划能助力守富与传承。保单的架构设计非常重要，动态规划也很重要，如果不加以重视，可能完全没有保障作用。

同时，在保单的管理过程中，涉及的知识非常广泛，再加上投保后，若家庭成员的身份发生变化、财富形态发生变化、税务居民身份发生变化、婚姻发生变化，有人出生或死亡，则都需要重新审视保单是否合理，是否需要重新调整。而保险行业博大精深，每位顾问擅长的保险领域都不同。如果购买保单的目的是出于资产配置及传承，就一定要找到有相关经验及长期服务能力的专家进行规划。

寿险配置的不足之处

除了以上的配置优势和要点，人寿保险在财富管理和传承上的不足也是显而易见的，我把它归结成了以下六个要点。

第一，只能传承现金资产。

保险只能用现金购买，保险赔款也是现金，所以寿险也只能够传承现金资产。投保人的股权股票、基金、房屋等其他类型的资产，只能通过其他方式进行传承，比如遗嘱和家族信托。

第二，被保险人有年龄限制。

一般保险公司规定被保险人的年龄上限为 65 周岁。虽然目前也有一些保险公司规定 80 岁以内都可以做被保险人，但一般年龄越大，保费越高，且如果被保险人身体有问题，会有被保险公司拒保或者加费承保的可能。

同时，国内8周岁以下的儿童，不能被隔代投保。比如，爷爷70周岁，孙子10周岁，孙女6周岁。爷爷想为自己的第三代隔代投保，则只能为10周岁的孙子投保，即爷爷当投保人，孙子当被保险人，而不能为6周岁的孙女投保。因为孙女只有6周岁，不满8周岁，所以只有她的父母才可以为她投保，即父母做投保人，小女孩做被保险人。

第三，无法应对通胀。

寿险是资产配置和风险管理的工具，而不是资产增值和对抗通胀的工具。

在银行利率下行阶段，增额寿成了很多人替代定期储蓄的工具。但我们要意识到，增额寿虽有一定的增值保值功能，但创富主要依靠的应该是自身的赚钱能力，先赚钱，再用寿险保单协助解决守富和传富的问题。

通过保单规划资产胜在确定性高。在购买保单前，要多关注保险的保障功能和法律属性能解决自身的什么问题，而不能将保险作为资产升值和应对通胀的主要工具。

第四，可能存在道德风险。

从财富传承的角度，大额保单是一种隐含利益冲突和道德风险的安排，因为受益人只有在被保险人去世的前提下才能获得财产。针对杠杆寿而言，被保险人去世得越早，杠杆越高，受益人能获得的赔付金也越早。

购买保单如果是为了身故后家人的生活有保障，应谨慎考虑保单保额的大小。若设立的赔偿金太大，就等于把自己的性命作投资，换取受益人的高额回报；若赔偿金太少，又可能无法让自己家人的生活得到充足的保障。

所以，保额规划是需要科学设计的。一方面，要基于资产配置和财富传承等角度考虑；另一方面，如果存在对"道德风险"的担忧，可以考虑暂时不将保单的购买告知受益人，或者将保单装入保险金信托等方式。

第五，相对债务隔离。

用保单隔离债务，总会有一些无法预料的情况。例如在债务风险显现后再配置保单会被认定为恶意避债；例如自己悄悄地买一份保单，但是保单的存在被配偶或者债权人发现了；例如债务人把钱给到父母，让父母做投保人，但父母突然死亡，保单就成了父母的遗产；例如父母让已经成年的孩子做投保人，而子女将得到的资产挥霍一空。

所以，债务的风险隔离是相对的，是不确定的。如果身负债务，不要指望通过保单的规划来避免自己偿还债务的义务。

第六，无法管理继承后的资金使用。

大额保单还没有理赔时，可以保护投保人的隐私以及投保人对资产的控制权，实现底层资产配置。但是当大额保单理赔以后，大笔的资产给到受益人，保单就终止了。投被保险人无法控制受益人挥霍败家，或是因为债务、婚变等风险消耗完赔款，也无法保护其资产的隐私。

解决的方法，就是将保单装入信托，在海外，"大额保单 + 信托"是高净值人士的标配，这类管理资产的模式非常成熟，值得国内高净值人士及中产阶层的关注和借鉴。

实战案例

【案例 1】A 女士配置寿险保单，优化家庭资产结构

A 女士的一位丁克好友为了保障自己的晚年生活，卖了一套上海市中心价值 1000 万元的房子，全部用来购买了一份保险。这份保险就像投资了一项"金融房产"。这位朋友向 A 女士介绍，这种"金融房产"有几个特点：本金安全；无税收；房价"只涨不跌"；现金流稳定，与生命等长；可作为教育金或养老金；"房租"不断，可持续收租。然而因为她的描述十分碎片化，A 女士一直没有搞明白什么是好友口中的"金融房产"，但是，这种新兴的名词和资产结构调整的方案，让 A 女士心动不已。

房子是我们安身立命的地方，也是我们最熟悉的资产存在形式。房子看得见、摸得着，在过去的 10 多年里更是涨幅最快的资产。2022 年 12 月 30 日，吴晓波在他的年终秀上指出，中国高净值家庭的房屋资产占比为 60%，日本为 35%，美国为 25%，也就是说，中国高净值家庭出现了房屋资产占比过高的情况，而优化资产结构是未来高净值家庭的第一任务。

A 女士的好友没有孩子，她清楚地知道，房子虽然可以用来居住，但是自己没有传承需求，而自己老年的生活是否富足安逸，取决于现金流是否充沛，而不是拥有的资产有多少价值。所以，她卖掉实物房产，购入"金融房产"的行为，就是为了提高生活质量所做的资产结构调整。

如果把增额寿和年金产品类比成"金融房产"，我们可以把它们和实体

房产做一个对比，如表5-5所示。

表5-5　实体房产与"金融房产"比较表

项目	实体房产	金融房产
产权	最高70年	与生命等长
风险隔离	不能	能
购房门槛	高	几乎没有门槛
市场供给	有限，买到的未必称心如意	无限
地域限制	高，通常在居住地和投资地之间选择	几乎没有限制
身份要求	有，需要购房资格	没有要求。对购房人的国籍、地域都没有要求
直接实现定向传承	不能	能，指定受益人
购买流程	复杂	简便
继承	手续复杂	简便、快捷
私密性	差	私密
付款方式	全款，或首付+贷款	1/3/5/10/20年支付皆可
分期付款的利息	有，随市场波动	无利息
市场价格波动	大，与政策调整、需求供给等有较大关联	稳定且确定
其他费用	有。装修费、物业费、水电煤费用	无
断租风险	有	永不断租，租金稳定
自然灾害（地震、风暴、高温等）	会遭受损失	无损失
还贷	无论购房者是否健在，房贷必须还完	若购房者身故，无须支付后续资金，且已支付保费将产生额外的收益
流动性	差	非常好

续 表

项目	实体房产	金融房产
变现方式	1. 抵押贷款：手续复杂，审核麻烦，到账慢 2. 出售：所花时间和价格取决于当时市场环境	1. 质押贷款：APP内申请，手续简便，利率低，到账快，本金不用归还，随借随用 2. 减保：按保单合约约定的方式进行一定比例的减保获得流动性 3. 退保：变现速度快、没有争议、金额确定
投入精力	需要主人持续管理，花时间、花精力	投保后需要做动态管理
税收	契税、增值税、个人所得税	无税收

【规划建议】

A女士听了金融房产有这么多优点，十分动心。她意识到，购入金融房产不但是资产配置的重要部分，同时也能实现自己的风险管理及财富传承等诸多功能。她很想了解，如果自己拿出100万元投保增额终身寿，会产生怎样的收益和效果。这里我们展开A女士的架构设计，如表5-6所示，并附上从第六年开始领取3.6万元资金的现金价值表，如表5-7所示。

表5-6　A女士的增额终身寿

保单类型：增额终身寿	
投保人：A女士	期缴保费：20万元
被保险人：A女士（50周岁）	缴费期间：5年
受益人：100%儿子	总保费：100万元

表5-7 现金价值表

保单年度	被保险人年末年龄	当年保险费	减保领取	身故－减保前	累计领取	现金价值
1	51	200,000		320,000		81,118
2	52	200,000		640,000		210,396
3	53	200,000		960,000		395,886
4	54	200,000		1,280,000		673,058
5	55	200,000		1,600,000		986,244
6	56		36,000	1,600,000	36,000	1,000,472
7	57		36,000	1,600,000	72,000	1,010,699
8	58		36,000	1,600,000	108,000	1,021,664
9	59		36,000	1,600,000	144,000	1,028,307
10	60		36,000	1,600,000	180,000	1,030,482
11	61		36,000	1,600,000	216,000	1,032,843
12	62		36,000	1,315,928	252,000	1,032,990
13	63		36,000	1,361,984	288,000	1,033,144
14	64		36,000	1,409,650	324,000	1,033,301
15	65		36,000	1,458,984	360,000	1,033,464
16	66		36,000	1,510,046	396,000	1,033,634
17	67		36,000	1,562,892	432,000	1,033,807
18	68		36,000	1,617,588	468,000	1,033,987
19	69		36,000	1,674,198	504,000	1,034,173
20	70		36,000	1732,790	540,000	1,034,366
21	71		36,000	1,793,430	576,000	1,034,564
22	72		36,000	1,856,190	612,000	1,034,766
23	73		36,000	1,921,146	648,000	1,034,979
24	74		36,000	1,988,374	684,000	1,035,197
25	75		36,000	2,057,952	720,000	1,035,421
26	76		36,000	2,129,964	756,000	1,035,652
27	77		36,000	2,204,494	792,000	1,035,891
28	78		36,000	2,281,628	828,000	1,036,136
29	79		36,000	2,361,460	864,000	1,036,390
30	80		36,000	2,444,082	900,000	1,036,650
31	81		36,000	2,529,592	936,000	1,036,919

续　表

保单 年度	被保险人 年末年龄	当年保险费	减保领取	身故－减保前	累计领取	现金价值
32	82		36,000	2,618,088	972,000	1,037,195
33	83		36,000	2,709,678	1,008,000	1,037,480
34	84		36,000	2,804,466	1,044,000	1,037,772
35	85		36,000	2,902,564	1,080,000	1,038,073
36	86		36,000	3,004,088	1,116,000	1,038,382
37	87		36,000	3,109,156	1,152,000	1,038,699
38	88		36,000	3,217,890	1,188,000	1,039,025
39	89		36,000	3,330,418	1,224,000	1,039,359
40	90		36,000	3,446,872	1,260,000	1,039,702
41	91			3,567,386		1,076,053
42	92			3,692,102		1,113,672
43	93			3,821,162		1,152,601
44	94			3,954,716		1,192,886
45	95			4,092,918		1,234,573
46	96			4,235,928		1,277,710
47	97			4,383,910		1,322,347
48	98			4,537,034		1,368,534
49	99			4,695,476		1,416,326
50	100			4,859,416		1,465,777
51	101			5,0290,42		1,516,942
52	102			5,2045,48		1,569,881
53	103			5,3861,34		1,624,654
54	104			5,574,004		1,681,322
55	105			5,768,374		1,739,951

　　A女士从50周岁开始投保，假设她从56周岁开始每年从账户里提取3.6万元，等到她70周岁，已经累计领取了54万元"租金"，如果这时A女士想把"房子"卖了，则可以获得103.4万余元的收入。（如果直至此时她没有领过房租，则房子已经增值到了173.3万元。）

　　如果A女士不卖这套"金融房产"，并选择继续"收租"，等她到90

周岁时，累计已经领取了 126 万元"租金"，如果这时 A 女士想把"房子"卖了，还是可以获 104.0 万元的收入。（如果直至此时她没有领过房租，则房子已经增值到了 345 万元。）

在这个方案里，A 女士活得越长，能领取的钱越多，留给子女的钱也越多。同时，这套"金融房产"的房价不受市场波动影响，从签订增额寿合约开始，就按照订立时的计划稳步增长。这笔钱的流动性也很好，A 女士想用就用，可以拿出来当作养老金补充，可以当作后代的教育金，也可以在每年春节前提取出来给孩子们包红包。如果 A 女士某一年并不需要资金，就不要对账户进行提取，资金会留在账户里持续增值。相比实物房产来说，金融房产有更大的规划和使用空间。

【案例2】巧立保单，充当"房贷保险"

X 先生，32 周岁，身体健康，他有一笔 300 万元的房屋贷款，贷款期限为 20 年。他是一个非常有责任感的人。近来，他的同事在运动中猝死，引发了他对于生命的无限感慨。他也开始担心：作为家里的顶梁柱，万一自己发生了意外，房贷的钱怎么还上呢？

X 先生的担心不无道理。意外不挑人，它什么时候会来，会发生在哪位家庭成员的身上，并不可预知。而作为家中的顶梁柱，房贷、日常开销，都由 X 先生支出。他活着，一切的风险都可以由他去负责解决；但是，万一他发生极端意外，家庭的压力是不可想象的。而利用定期定额寿险的配置，可以用比较少的费用，获得很高的杠杆。一旦 X 先生发生极端意外，这笔钱至少可以覆盖房贷的支出，保证他的家人居有所属。

【规划建议】

假设他选购了一款定期定额寿险，保单的架构设计如表5-8所示（2022年在售的真实产品数据）。

表5-8 X先生定期定额寿险架构设计

保单类型：定期定额寿险	
投保人：X先生 被保险人：X先生（32周岁，健康） 受益人：妻子	缴费期：20年 保障期：20年 保费：6420元/年 保额：300万元 总保费：12.84万元

20年内，如果X先生身故，他的太太能得到一笔300万元的赔偿金。如果发生极端意外，X先生第二年就身故了，花了6420元，他的太太马上能得到一笔300万元的身故赔偿金，用于偿还房屋贷款，实现了467倍的高杠杆。

但是，没有人喜欢以付出生命为代价得到的补偿。更好的情况是X先生20年里安然无恙，保险责任终止。保险公司获得了12.84万元的总保费，X先生全家也在这20年间吃了定心丸，皆大欢喜。

所以，一份合适的寿险是家庭资产的压舱石，可以在极端风险来临时为家庭带去保障，从而为家庭带来稳定的幸福感和安全感。

【案例3】一张保单，三代人领养老金

G是一位55周岁的中学教师，身体十分健朗，早些年她的老伴因病离世，岁月漫漫，她想要规划自己的养老，拿一笔钱来专款专用，用不完的传给女儿和外孙女G小宝。

养老是大部分人都特别关心的问题，而高品质的养老生活一定需要充足的现金流作为基础。刚迈入老年阶段，身体比较健康，养老生活的品质可以由自己保障；当身体开始出现小毛病甚至失去了生活自理能力，就需要有家人和医护人员的照料和配套的医疗资源，这时就需要有稳定的现金流来支撑。

G希望能在自己健康和收入都还不错的前提下给自己做一份养老储蓄，也希望这份养老储蓄可以被传承。这是老人最真切又实际的希望，这样的方案可以通过增额寿的灵活运用来实现。

【规划建议】

传统的养老金方案是用养老年金规划的。但是养老年金的领取不够灵活，这里我们选取的是高现金价值的增额寿来做G的养老规划。先配置一份增额寿，在需要取用资金的时候对增额寿进行减保，实现稳定的养老现金流，以及更高的灵活性。

因为法规限制，G不能为未满8周岁的外孙女投保，所以她先把钱给自己的女儿，由女儿做投保人配置增额终身寿，并以刚出生的外孙女G小宝为被保险人设立保单，锁定和G小宝生命等长时间的复利，如表5-9所示。

表5-9　G规划的增额终身寿

保单类型：增额终身寿	
投保人：G女儿 第二投保人：G小宝 被保险人：G小宝（0岁，女，身体健康） 受益人：G女儿	期缴保费：30万元 缴费期间：5年 总保费：150万元

如表 5-10 所示，通过这样的方案设计，可以实现三代人领取养老金。

表5-10　现金价值表

保单 年度	被保险人 年末年龄	年缴 保费	累计保费	生存金	养老金领取	累计生 存金	领取后现 金价值
1	1	300,000	300,000				33,135
2	2	300,000	600,000				86,208
3	3	300,000	900,000				162,507
4	4	300,000	1200,000				276,402
5	5	300,000	1,500,000				405,324
6	6		1,500,000				685,266
7	7		1,500,000				981,264
8	8		1,500,000				1,293,882
9	9		1,500,000				1,623,687
10	10		1,500,000	60,000		60,000	1,911,195
11	11		1,500,000	60,000		120,000	1,918,261
12	12		1,500,000	60,000		180,000	1,925,571
13	13		1,500,000	60,000	65岁的G确定领 取6万元/年	240,000	1,933,142
14	14		1,500,000	60,000		300,000	1,940,977
15	15		1,500,000	60,000		360,000	1,949,178
30	30		1,500,000	60,000	领25年，至89岁 确定总领取150万元	1,260,000	2,113,092
31	31		1,500,000	60,000		1,320,000	2,127,338
32	32		1,500,000	60,000		1,380,000	2,142,085
33	33		1,500,000	60,000		1,440,000	2,157,348
34	34		1,500,000	60,000		1,500,000	2,173,149

保单年度	被保险人年末年龄	年缴保费	累计保费	生存金	养老金领取	累计生存金	领取后现金价值
35	35		1,500,000	60,000		1,560,000	2,189,504
36	36		1,500,000	60,000	G女儿从66岁开始	1,620,000	2,206,433
37	37		1,500,000	60,000	接着领取6万元/年	1,680,000	2,223,955
38	38		1,500,000	60,000		1,740,000	2,242,091
39	39		1,500,000	60,000	领25年，至90岁	1,800,000	2,260,865
40	40		1,500,000	60,000	确定总领取150万元	1,860,000	2,280,299
59	59		1,500,000	60,000		3,000,000	2,810,940
60	60		1,500,000	60,000		3,060,000	2,849,673
61	61		1,500,000	60,000		3,120,000	2,889,766
62	62		1,500,000	60,000	此时G小宝60周岁，	3,180,000	2,931,266
63	63		1,500,000	60,000	开始领取6万元/年	3,240,000	2,974,223
64	64		1,500,000	60,000		3,300,000	3,018,684
65	65		1,500,000	60,000	领26年，至85周岁	3,360,000	3,064,704
80	80		1,500,000	60,000	确定总领取156万元	4,260,000	3,983,375
81	81		1,500,000	60,000		4,320,000	4,063,057
82	82		1,500,000	60,000	账户里还有441万元	4,380,000	4,145,512
83	83		1,500,000	60,000	可以用于传承。	4,440,000	4,230,840
84	84		1,500,000	60,000		4,500,000	4,319,138
85	85		1,500,000	60,000		4,560,000	4,410,513

投保时 G 55 岁；当保单进入第 10 个年头，这时 G 已经 65 岁了。G 女儿可以开始主动从增额寿账户里拿钱，每年领取 6 万元给 G 当养老金；如果 G 领到 89 岁，而后身故，那么她累计领取 25 次的养老金，总计领取 150 万元。

G 女儿从 66 岁开始每年从账户里提取 6 万元当自己的养老金用。如果她活到 90 岁，这时她已经累计领取了 25 年，总计 150 万元的养老金。当初 G 给她钱设立保单时，花的总保费是 150 万元；领到这个时候，G 和 G 女儿总共已经领取了 300 万元的养老金，足足翻了本金的 2 倍。

假设 G 女儿领至 90 岁，而后身故，这时第二投保人 G 小宝生效了，保单变成了 G 小宝的财产。作为投保人的她从 60 岁开始从账户里领取养老金，每年 6 万元。如果领到 85 岁，她已经领了 156 万元的养老金。这时，如果她还活着，可以选择继续领取每年 6 万元的养老金，或是一次性提取账户里的 441 万元出来。如果此时她身故了，441 万元会根据她生前的指定，给她的受益人。

这里需要补充的是，这张保单的受益人是 G 女儿，当 G 女儿身故时，第二投保人 G 小宝自动生效，这时，保单的受益人已经不在了。如果此时 G 小宝身故，保单会被认定为没有受益人，而变成 G 小宝的遗产，既不私密，理赔手续还很麻烦。因而我们建议当 G 女儿身故时，G 小宝要增加她的孩子或者先生为保单的受益人，以免她自己身故时保单没有受益人而变成遗产。这时，保单变成了如下的结构：

投保人：G 小宝

被保险人：G 小宝

受益人：G 小宝的配偶或孩子

由此可见，保单的架构是需要动态调整的。同时，这张保单是 G 配置的资产。过了 80 多年，这张保单却能传承给 G 的第四代。即一次设计，为三代人提供了养老金，并实现了四代的财富传承。

这是其他金融产品都做不到的。

【案例4】杠杆传承：富爷爷和穷爷爷

这是一个很经典的故事。从前，有两位男士，当时两位男士同样拥有100万美元的资产。然而，一位男士有很好的理财观念，为了后代能获得更多的财产，也为了保障自己的晚年生活，他进行了精心的财富规划；而另一位男士没想太多，也没进行什么规划。随着时间的推移，当初等同的100万美元传承到了第三代的手上，此时两家的财力却大相径庭。

现在，规划过资产的那位男士，他的后代亲切地称他为"富爷爷"；而另一位没有做规划的男士，我们暂且称他为"穷爷爷"。

"穷爷爷"省吃俭用，将100万美元都存了下来，并平分给了两个儿子，两个儿子也没舍得花，再次将50万美金的资产平分给了各自的两个孩子，结果资产越分越少，传到了第三代手里，每个孙子分别可以获得25万美金，如图5-2所示。

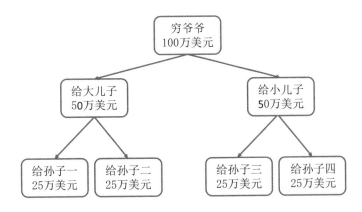

图5-2 穷爷爷的财富分配方式

而"富爷爷"使用了财富管理的工具，他购买了一张总保费 100 万美元的保单，身故杠杆比例 5 倍。当他身故时，保险公司会向他指定的受益人赔付 500 万美元，以此实现资产传承。同时，"富爷爷"还善用杠杆，并没有选择全额支付 100 万美元保费，而是只支付了 30 万美元的保费，其余的 70 万美元通过贷款获得。

当"富爷爷"身故时，保险公司支付的保险赔款为 500 万美元，减去贷款的 70 万美元[1]，最终两个儿子能获得的保险赔款总额约为 430 万美元，这笔财富传承的金额和"富爷爷"当初投入的 30 万美元相比，资产放大了 14 倍左右。平均分配一下，两个儿子各自可以获得 215 万美元。同时，"富爷爷"当初手中的本金是 100 万美元，他只拿出了 30 万美元通过杠杆的方式保障了财富的传承，另外的 70 万美元用来消费，他的晚年生活愉悦而滋润，如图 5-3 所示。

而相比之下，"穷爷爷"的两个儿子分别只拿到了 50 万美元，约为"富爷爷"儿子的四分之一，而且"穷爷爷"的晚年也没有钱消费。

---

[1] 为了简要说明情况，此处暂且省去贷款利息。

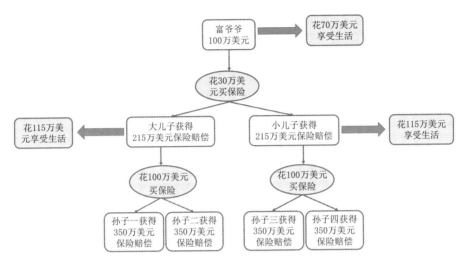

图5-3　富爷爷的财富规划

　　尝到了杠杆传承的甜头，"富爷爷"的两个儿子在较年轻的时候，也为自己配置了100万美元保费的杠杆寿险，指定受益人为自己的两个儿子，身故享有7倍的杠杆，每人身故的保险赔偿为700万美元。因此，"富爷爷"的孙子们各能分得350万美元的保险赔偿。

　　不规划的"穷爷爷"，孙子们每个人只获得了25万美金；而规划过资产传承的"富爷爷"，他的孙子们每人可以获得350万美元的资产。这就是规划和不规划的结果。

【规划建议】

　　对于现金传承来说，杠杆寿是最好的工具。

　　杠杆寿的一个重要特点，就是资金的放大功能。什么能代表一个人的"身价"？或许杠杆寿的保额是一个指标。今天投入的保费，将来身故时保险公司会向受益人支付数倍于保费的保险金。这笔保险金的具体数额是在当事人投保时就确定的，可以看作被保险人死亡时对家人的爱意的传递和延续，也是被保险人的"身价"的一种体现。

在国内可以像"富爷爷"一样规划资产吗？当然可以。

杠杆寿是非常优秀的财富传承工具，在家族资产传承规划中具有无可替代的优势。但是国内目前的杠杆寿产品的杠杆达不到7倍。那么是不是要去国外配置，国内不需要配置呢？主流的观点是，资产在哪里，就在哪里规划。如果中国境内是当事人主要的创富地点，在国内创造了源源不断的现金流，那么在中国境内配置大额保单规划传承就十分有必要。

因为杠杆寿的给付责任和金额是非常确定的，当被保险人身故时，就会触发保单的赔付。所以，这里以一家保费相对便宜且有一定知名度的合资保险公司2022年的某款杠杆寿产品为例，直观地看一下数据，如表5-11所示（假设被保险人为男性，身体健康，数据四舍五入）。

表5-11　某款杠杆寿产品数据

被保险人年龄	年缴费（万元）	缴费期	总保费（万元）	保额（万元）	最低杠杆（倍）
35周岁	22	一次性	22	100	4.55
	2.57	10年	25.7		3.89
	1.52	20年	30.4		3.29
40周岁	25.7	一次性	25.7	100	3.89
	3	10年	30		3.33
	1.79	20年	35.8		2.79

被保险人 年龄	年缴费 （万元）	缴费期	总保费 （万元）	保额 （万元）	最低杠杆 （倍）
45周岁	30	一次性	30	100	3.33
	3.55	10年	35.5		2.82
	2.1	20年	42.2		2.37
50周岁	35	一次性	35	100	2.86
	4.14	10年	41.4		2.42
	2.48	20年	49.6		2.02

现代人基本都很长寿。如果某35岁男性被保险人选择了20年缴费的方式，当缴完第一年保费不久后意外身故，财富杠杆的效应高达66倍。但是，生命诚可贵，我们都希望自己和家人可以平安长寿。

由表5-11可知，即使这几笔杠杆寿的保费都缴完了，杠杆也在2.02~4.55倍之间，实现了非常棒的财富放大效应。如果其间再运用如"富爷爷"那样的贷款功能，则杠杆更高。

这是股权、股票、银行存款等其他财富形态做不到的。

同时，需要提醒的是，杠杆寿并不是想买就能买，而是具有一定的门槛。杠杆寿的赔付是以被保险人全残或者身故触发的，保障期间为终身，也就是保险公司一定会在某个时间赔付这笔钱。为了防止骗保、道德风险等情况发生，所有的杠杆寿对被保险人的身体状况、财务状况都有着极为严格的要求。

曾经这个险种在市场上的反响并不是很好，因为大部分人忌讳谈论生死。然而近些年来，随着人们资产配置和财富传承意识的觉醒，它的作用正越来越受到重视。只要拥有资产，无论多少，都应该有资产配置和财富传承的意识，让我们学习"富爷爷"，结合自己的情况为财富做规划。

【案例5】再婚家庭的财富规划

D总是一家教育公司的创始人，事业有成。2013年他与原配离异，儿子跟他。2015年，他与H老师恋爱后再次步入婚姻殿堂，随同生活的还有H老师与前夫的3岁女儿。再婚后，两人共同抚养前段婚姻各自的两个孩子。

几年后，D总在武汉时发生了非常严重的车祸后离世。他生前没有写下遗嘱，D总的母亲和D总的两个亲姐姐了解了法定继承程序之后提出了异议。对于哪些人可以分得D总留下的财产，如何分配财产，一家人产生了争执。无奈之下，D母将H老师起诉至法院。

再婚家庭，尤其是夫妻一方或双方有前段婚姻子女的家庭，成员关系通常都比较复杂，处理不当，容易产生矛盾和纠纷。最常见的重大纠纷之一，就是一方离世后，其遗产的分配和继承。

根据法律，D总的法定继承人有四位：他的母亲、H老师以及他们共同抚养的继女、他和前妻的亲生儿子。按照法定继承的分配方式，这四位可以均分他的遗产。

D总离世时，和H老师的婚内财产中，每100元中有50元属于H老师，另外50元作为遗产被分为4份。因而，D总留下的每100元财产，能分配到H老师的手里的有62.5元。加上他们共同抚养的继女没有成年，她继承的12.5元也将由她的监护人H老师管理，因而D总遗留的资产将有 75% 掌握在 H 老师的手里。而打算未来传承事业的大儿子，只能分得12.5% 的财产，如图 5-4 所示。

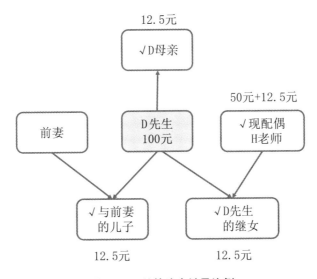

图5-4　D总的法定继承比例

再婚的父母往往希望把自己的财产更多地留给自己的亲生子女，而不是和自己没有血缘关系的继子女。然而法律上的规定和我们的传统理念不一样。根据我国的法律规定，继子女与婚生子女的权利是一样的，发生继承时都处于第一顺位。

这些财产是 D 总辛苦了一辈子打拼来的，在他去世后，大部分财产掌握在了 H 老师手里，年轻丧夫的 H 老师再嫁的可能性很高，被 H 老师掌握的财产就很有可能因此流出这个家庭，而 D 总的亲生儿子获得额度财产就很少，这可能不是 D 总愿意看到的。

D 总的母亲，也是因为不满自己的第二任媳妇可以获得如此高额的遗产而将其告上法庭的。

【规划建议】

D总生前可以配置增额终身寿险，自己作为投保人和被保险人，亲生儿子和母亲为受益人：

投保人：D总

被保险人：D总（53周岁，身体健康）

受益人：儿子80%，D母20%

有了这样的安排，财产生前掌控在他自己的手里，若遇到极端意外，财产就会按照他的心愿传承。

对于D总这样的家庭，将增额寿作为财富规划的工具主要有六个优势：

第一，优化资产结构。D总之前持有的流动资金过少，而配置增额寿保单后，通过贷款及减保功能，能实现绝佳的流动性。

第二，生前掌控资产。这张保单的投保人是D总，所以这是他个人持有的资产，在生前享有保单的掌控权。

第三，实现定向传承。D总生前享有保单的掌控权，在他身故后，身故保险金就将直接赔付给自己的亲生儿子和母亲。这部分财产不会作为遗产被继承，可以实现指定传承。

第四，配置方案私密。以配置保单来规划传承这件事情，可以不告知受益人之外的人，也不用写入遗嘱，避免了不必要的家庭矛盾。特定事件发生后，受益人仅凭简单材料就可以领取赔款。

第五，分配方案灵活。受益人是谁，受益人的分配比例和分配顺序 D 总可以自行决定，这种方式更能符合他的心愿。

第六，开启规划身后资产管理的意识。D 总是高净值人士，若配置的保单保额或保费高于 300 万元，可以考虑在保单成立后，把受益人改成信托，在自己身故后按时间或事件去分配高额赔偿金，实现身后资金的再管理和分配。若不是保单配置，可能 D 总并不会意识到身故后的资产也可以管理，通过保险资产配置和理念的沟通，可以开启另一种资产管理的模式。

对于再婚的家庭，若是希望将财产更多地留给自己的亲生子女，都可以考虑通过以上方式私密规划自己的财产传承。

【案例 6】给独生子女的遗产规划

小 K 和太太的家庭财力悬殊，小 K 家境更好。结婚几年后，太太主动提出离婚，要求和小 K 分割刚去世的婆婆的遗产。小 K 是独生子，其母离世时没有留下遗嘱。小 K 太太认为这是他们的婚内财产，离婚时需要分割。

K 婆婆的财产类型有：房产、保险和银行存款。她生前没有留下遗嘱，所以遗产应根据法定分配方式进行分配，如图 5-5 所示。

K婆婆 法定遗产继承流程

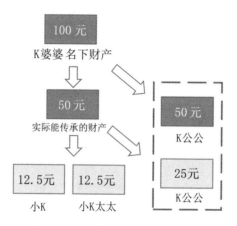

图5-5 K婆婆法定遗产继承流程

根据《中华人民共和国民法典》第一千零六十二条的规定，小K在婚内继承的遗产，若无特殊约定，是他和太太的夫妻共有财产，归双方所有，且有平等的处理权。

小K太太要求离婚时分割婆婆留下的遗产，首先要明确哪些是属于婆婆的遗产。K婆婆名下的房子和银行存款，属于遗产，而遗产中小K能继承的部分都是和太太的夫妻共有财产，离婚时需要分割。

在梳理K婆婆资产时，他们也发现了她拥有1张增额终身寿保单。

投保人：K婆婆

被保险人：K婆婆

受益人：小K

受益人指定了儿子。指定受益人的保单，是小 K 的个人财产，而非夫妻共有财产，离婚时无须分割。[①]

【规划建议】

K 婆婆生前没有想到规划资产，导致小 K 离婚时不得不分割她留下的遗产。好在她还有一份指定受益人为小 K 的保单，也算是一点小小的安慰。

不少人认为，自己只有一个孩子，独生子女家庭不需要规划财产，财产未来都是他们的。但是，婚内继承财产是子女财产规划中最大的风险。如果父母不为孩子规划，孩子就将不得不承受除离婚之外带来的析产的痛苦。

因而，作为父母，要为孩子多考虑一些、多规划一些。

案例中，通过这次家庭的纠纷，K 公公也明白了，如果没有事先规划，自己的遗产未来可能会再次面临风险。这让他也不禁开始梳理自己的财产，并为自己安排了一份增额寿，架构如下：

投保人：K 公公

被保险人：K 公公

受益人：小 K

---

① 根据《第八次全国法院民事商事审判工作会议（民事部分）纪要》关于婚姻家庭纠纷案件的审理部分第五条第一款：婚姻关系存续期间，夫妻一方作为被保险人依据意外伤害保险合同、健康保险合同获得的具有人身性质的保险金，或者夫妻一方作为受益人依据以死亡为给付条件的人寿保险合同获得的保险金，宜认定为个人财产，但双方另有约定的除外。

这个增额寿的安排主要有以下七个优势：

第一，优化资产结构。之前 K 公公的财产都以股权和房产的形式存在，流动性较差。通过变卖其他资产，持有保单，大大地优化了资产的结构，也提高了家庭资产的流动性。

第二，财富增值。K 公公在投资完这笔保单之后，锁定了自己终身的复利。

第三，隐私保护。小 K 未来能获得这笔财产，这个安排并不需要让第三人知道。

第四，免税。小 K 收到的这一笔钱，不需要缴纳个人所得税，如果未来开展遗产税征收，这笔资产也是免税的。

第五，传承手续简便。办理遗产继承时间长、流程复杂；而小 K 通过比较简单的手续就可以获得这笔增额寿的赔偿金。

第六，婚姻财富保护。即使小 K 再婚，这笔赔款也是小 K 的个人财产。如果保管得当，不和婚内财产发生混同，婚变时这份财产就不会被分割。

第七，规划空间灵活。如果 K 公公考虑到传承的资金太大，小 K 不会合理使用和管理，可以设立保险金信托，委托信托公司在自己身故后按照时间或事件向小 K 或未来的第三代分次分配保险赔款，实现身后资金的再管理和分配。

需要注意的是，一份保单不能解决资产管理和传承的所有问题。除了以上保单的规划，K 公公也设立了遗嘱，对其他的财产进行了规划。只有组合运用各种工具，才是一个比较完整的财富传承规划。

常见问题解答

一、寿险保单是谁的资产？

是投保人的资产。保险合同一般一式两份，一份属于保险公司，另一份属于具有付款义务的投保人。投保人持有保单，保单条款内明确表示现金价值退还保单持有人。

二、被保险人生病或者发生意外骨折，终身寿险会进行赔付吗？

不会。被保险人死亡或者全残，才会触发保单生效。终身寿险是以人的生命为标的的，而与疾病或意外无关。

三、为什么建议指定受益人？

保单的配置，受益人设定极其重要。指定受益人，优势主要体现在：

1. 保险赔款的申领简便，仅凭简单资料就可领取。

2. 私密。保单作为一种资产类型不用写在遗嘱里，而遗嘱的执行过程是公开的。

3. 指定受益人的保单，不是被保险人的遗产，因而不用去偿还其生前的债务。

4. 能最大限度地按自己的意愿把财产分配给想要留给的人。

四、寿险的身故受益人我选"法定"有什么缺点？

受益人是"法定"的保单，法定继承人必须获得公证处出具的继承权公证书或者有法院的判决书，才能去申领保单的赔款。耗时长、流程复杂、公开，且存在不确定性。同时，法定的分配方案也未必是当事人最愿意看到的分配财富方式。

五、保单的投保人、被保险人、受益人都可以变更吗？

目前，中国的保单投保人、受益人可以变更。被保险人不可以。

六、配置增额寿有税收产生吗？

对于投保人而言：投保阶段，无税收；持有阶段，无税收；减保或退保阶段，无税收。

对于受益人而言：领取的赔款，没有个人所得税。

七、如果开征遗传税，寿险赔款要纳税吗？

大概率不需要。因为指定受益人的赔款不是当事人的遗产，即使遗产税开征了，大概率也不需要去缴纳遗产税。

八、对于有贷款的人，寿险配置有什么价值？

可以防止债务向家人延续。假设发生极端意外，继承人需要先清偿身故者的债务才能继承遗产。如果债务人是家中收入的唯一来源，若其发生意外，家人不但生活没有保障，还会欠下一身债务。此时，若身故之人给家人留有一份寿险，那么这份赔款可以保障家人的日常现金流，而不会被用于抵债。

九、想要规划子女婚姻财产的父母，选择寿险有什么价值？

选择寿险可以确保：第一，这部分资产是独立的，不是子女的婚姻资产。第二，可以防止子女收到大笔资产后滥用（如通过购买年金，父母做投保人，子女做被保险人，这样子女只可以每月领钱）。第三，收到的赔款仅为个人财产，而非夫妻共有。请注意，以上三种结果所需要配置的险种和架构是不同的，在配置前一定要和顾问沟通清楚自己的目标再做规划。

十、对于养老规划，寿险有什么价值？

品质养老需要的是现金流，而不是资产。也就是说，即使在家里放置着价值1亿元的字画、珠宝首饰，它们也解决不了吃喝拉撒的事儿。所以，养老最需要的是现金。只有现金可以管自己的吃喝拉撒、看病吃药。只有当资产变成了现金，才可以派上养老的用场。

而养老年金是交一阵子，领一辈子。是现在的自己为老年的自己强制做好的储蓄，等到自己老了、退休了，可以多领一份钱并领一辈子。

无论自己的未来发生什么，如失业、生病、创业失败，甚至是离婚或者被骗，这一部分钱，都会从指定的时间开始，有规律地打到自己的银行卡上，任何人拿不走、分不掉。当自己老了，也不用太担心会给子女造成负担，也不用担心明天的收入，因为这笔钱，会一直陪伴到自己生命的最后一刻。

十一、既然增额寿的账户内一直有增值，保单里的钱是不是应该放着永远不动？

有些人觉得，既然拿出来就不能放回去了，那么就不适合拿出来用，这类保险只适合做长期的储蓄投资。其实并非如此。把钱存银行的定期存款有投资收益，那么为了定期存款的收益，钱就不拿出来用了？不是。钱花了才能体现钱的价值。

该存的存，该用的用。用保单锁定利率，并靠它实现流动性，才是对保单最佳的活用方式。

所以，我们要把保单当成一个锁定利率的类活期账户来看待，通过保单贷款、减保等功能，达到资产的流动性，这才是发挥保单最大价值的方式。

十二、外国人配置中国寿险，有没有意义？

有意义。例如，美国公民或者税务居民所有投资收入要在美国缴纳个人所得税，不管收入来自美国还是中国。

而美国公民或者税务居民让其他人持有保单，自己做年金的生存受益人，可以从一定程度上优化自己的资产结构，既保证了每年能领到一笔资金，也降低了自己的资产总额，达到税收优化的目的。

十三、我买了寿险，我的债务就能不还了？

保单有债务隔离功能，但不意味着配置保险就可以免担任何法律责任。以避债为目的配置的寿险，很有可能会被判定无效。

十四、我买的保险，婚前付了一部分，婚后付了一部分，离婚时需要分割吗？

要搞清楚以下问题：离婚时配偶是否知道保单的存在？若不知道，则不需要分割。如果知道，是否要求分割？若不要求分割，则不分割。如果要求分割，且能证明婚后用于配置保单的资金属于夫妻共有财产，则此部分的现金价值需要分割。

十五、购买寿险的安全性怎么保障？

保险行业是安全性最高的行业之一。它的偿付能力和资金运用都受到了严格监管。除此外，保险的安全性还体现在以下几个方面：

第一，保险法规定设立保险公司最低的实缴资本是2亿元，而实际上经营人寿保险业务的公司，几乎注册资本都在20亿元以上。大公司和小公司是相对的，和其他行业比，再小的保险公司，也是大公司。

第二，按照保险法的规定，保险公司应当按注册资本的20%提取保证金，除公司清算时用于清偿债务，不得动用。

第三，保险公司为保证履约，会从保费收入或盈余中提取保险准备金，以确保保险公司具备与其保险业务规模相应的偿付能力。

第四，保险公司需缴纳保险保障基金。保险保障基金由中国保险保障基金公司管理，当保险公司偿付能力不足、面临大额理赔甚至破产时，中国银行保险监督管理委员会就动用保险保障基金的钱，保障消费者的权益。

第五，保险公司的解散与转让有严格限制。经营人寿保险业务的保险公司如果被依法撤销或破产，要么将其转让给其他经营人寿保险业务的保险公司，要么由国务院保险监管机构指定的保险公司接受转让。接受转让后的保单依然有效。

第六，保险公司会和其他保险公司签订再保险合同，将部分风险和责任转嫁给其他保险公司，从而分散风险。

第七，《中华人民共和国保险法》第二十三条第三款规定，任何单位和个人不得非法干预保险人履行赔偿或者给付保险金的义务，也不得限制被保险人或者受益人取得保险金的权利。

第八，保险公司的经营关系民生，不能轻易出问题。2008 年美国金融危机，雷曼兄弟申请破产保护，遭到了美国政府的拒绝。但美国政府却向一家保险集团 AIG 伸出了援手，帮助 AIG 躲过了一劫。这个决定在当时备受质疑，但保险作为各行各业以及人民稳定生活的底面，是在面临危险关头的救命稻草，一旦发生危机，可能会引发一连串的动荡事件。由此也能解释美国当局政府的行为。

在国内，2007 年，新华人寿公司董事长涉嫌挪用公司资金 130 亿元，导致公司偿付能力严重不足。随后中国银行保险监督管理委员会动用保险保障基金收购新华人寿部分股权，以解决资金挪用问题，随后，又把这部分股权整体转让给中央汇金公司，从而使新华人寿成了一家国有保险公司。新华人寿在 2011 年于上海证券交易所成功上市，成为境内交易所上市的四大保险公司之一。

2018 年安邦保险原董事长吴小晖因涉嫌经济犯罪，被依法提起公诉。此时安邦保险偿付能力可能严重不足，为保证安邦集团照常经营，中国银行保险监督管理委员会对安邦集团实施接管。2019 年 6 月，保险保障基金与中国石油化工集团有限公司、上海汽车工业（集团）总公司共同出资成立大家保险，接管安邦的原有保单及业务。安邦之前发行的 1.5 万亿元保险全部兑付，没有发生任何逾期和违约事件。

06

保险金信托：
最优的身后现金管理方式

大额保单还没有理赔时，可以保护投保人的隐私以及投保人对资产的控制权，实现底层资产配置。但是当大额保单理赔以后，保单就终止了。所以父母用大额保单或者遗产的方式将财富给到子女，无法控制子女在拥有大笔财富之后挥霍败家，或是因为债务、婚变等情况消耗完父母的资产，也无法保护其资产的隐私。

解决的方法，就是将遗产及保单装入信托。在海外，"大额保单 + 信托"是高净值人士的标配，这类管理资产的模式非常成熟。在国内，也有越来越多的高净值人士认识到这种结合可以实现 1+1 > 2 的效果。

装有现金及保单的信托，就是本章所说的"保险金信托"，它的准入门槛没有大家想象的那么高，也能解决父母在身故之后的资金管理问题。

信托的常识

什么是信托

信托，是以信任为基础，以信托财产为核心，以委托人意愿为目的，以委托为管理方式的财产管理制度。起初，它是以财产管理与传承的目的出现的。

信托就是委托人把财产交给受托人，受托人为了实现委托人的目标以自己的名义管理、处分财产并受到信托义务的约束，受益人享有信托财产受益权的财富管理形式。

可见，信托是围绕着信托财产的转移、管理和信托利益的分配而展开的。它既是特殊的法律架构，实现财产的所有权、控制权和受益权的分离，帮助委托人实现财富的管理和传承，也是一种金融工具，能在财富管理和传承领域起到重要作用。

信托的发展

现代信托之父、美国哈佛大学教授斯考特曾说："信托的应用范围，可与人类的想象力媲美。"截至 2023 年年中，我国境内只有 67 家公司持有信托牌照，比银行、保险、证券的牌照都要稀有。在资产管理的领域，信托公司是唯一能在货币市场、资本市场和实业投资三大领域进行投资的金融机构。

中国的信托业始于 20 世纪初的上海。1921 年 8 月，上海成立了第一家专业信托投资机构——中国通商信托公司；1935 年，在上海成立了中央信托总局。新中国成立至 1979 年以前，金融信托在高度集中的计划经济管理体制下，没有得到发展。

1979 年 10 月，因邓小平同志的鼓励和批准，国内第一家信托机构——中国国际信托投资公司宣告成立。此后，从中央银行到各专业银行及行业主管部门、地方政府，纷纷办起各种形式的信托投资公司，到 1988 年达到最高峰时共有 1000 多家，总资产超 6000 多亿元，占当时金融总资产的 10%。

从 1999 年开始，人民银行就对当时的 239 家信托投资公司进行了清理及整顿。此次清理整顿采取的方式是：一方面改变部分信托投资公司的企业性质，让其彻底退出信托市场；另一方面通过资产整合和股改，重新审核登记了部分信托投资公司。这是中国信托史上一次重磅级的变革。

在中国信托业的发展过程中，随着市场经济的不断深化，信托业先后经历了五次清理整顿。在历史跨入 21 世纪之时，伴随着《中华人民共和国信托法》和《信托投资公司管理办法》的颁布实施，信托业终于迎来了发展的春天。我国的信托业为加快建设有中国特色的社会主义事业、繁荣市场经济发挥了巨大的作用。

从规模上看，中国信托业协会发布的 2021 年四季度数据显示，截至 2021 年第四季度末，我国信托资产规模余额为 20.55 万亿元。[①] 截至 2022 年第四季度末，我国信托资产规模余额为 21.14 万亿元。[②]

从国际上来看，信托制度的传播已经超过 800 年，现代信托业的发展超过 200 年。而我国信托发展仅 40 余年的历史，仍处于发展初期，未来的发展潜力无限。

信托的要素

要了解信托，可以从信托的要素开始。信托的要素包括信托主体、信

① 中国信托业协会.2021年4季度末信托公司主要业务数据[EB/OL].（2022-03-22)[2023-11-30]. http://www.xtxh.net/xtxh/statistics/47593.htm

② 翟立宏.2022年度中国信托业发展评析[EB/OL].(2023-03-23)[2023-11-30].http://www.xtxh. net/xtxh/statistics/48366.htm

托财产、信托目的。

首先是信托主体。

委托人、受托人和受益人三方是信托中的信托关系人；围绕信托财产建立的经济关系叫作信托关系，其中，委托人、受托人以及受益人是信托的主体。

1. 委托人。 委托人是信托关系的创造者，也是信托财产的原始所有者。通常情况下，委托人把一定的财产或权益转移给受托人，作为信托财产的基础。

2. 受托人。 受托人是信托关系中的管理者，承担管理、处分、运用信托财产的责任和义务。

3. 受益人。 受益人是在信托中享有信托受益权的人。委托人设立信托时，需要指定受益人。受益人可以是委托人本人、委托人的家庭成员甚至是没有出生的孩子、法人，或依法成立的其他组织。

平时大家熟悉的集合资金信托作为一种金融理财产品，其委托人和受益人为同一人，属于自益信托。而当委托人和受益人为不同的人，或者委托人不是唯一的受益人，则称为他益信托。他益信托可以实现财产转移的功能，本书探讨的都是他益信托。

其次是信托财产。

信托财产是指由委托人转移给受托人的财产或权益，这些财产或权益被受托人管理和运用，以实现委托人指定的目的，最终将收益或资产转移给受益人。

最后是信托目的。

设立信托的目的是实现委托人的意愿。因而信托的管理、处分、运用应该都是围绕着信托目的展开的。信托目的可以是资产管理，委托人可以将自己的财产转移给受托人，由受托人进行有效的管理和投资，以实现资产保值增值的目的；可以是为家人提供长期的生活保障；可以是尽早做好债务隔离规划；可以是优化家庭及个人的税务；可以是遗产规划，委托人通过设立信托来规划自己的遗产分配，以确保自己的财产在去世后能够按照自己的意愿进行再管理和分配；可以是慈善公益，委托人可以设立慈善信托，将一定的财产用于公益事业，以支持慈善事业的发展。

信托的特点

信托具有以下三种特点。

第一，信托是一种法律关系。具体如下：

首先，信托关系是由信托协议或信托契约等书面文件来确立的，以此规定委托人将财产转移给受托人，由受托人管理、运用及处分，为受益人获取利益的具体安排，其效力受到法律保护。

其次，信托的法律关系是通过信托协议或契约来约定的。信托协议或契约中包含了信托的基本内容，如信托的目的、受益人、财产转移、受托人的权利和义务、信托财产的管理和运用等，以此规定信托主体的权利和义务。

再次，委托人将其财产转移给受托人，受托人按照信托协议来管理和运用信托财产，以达到明确的目的，维护受益人的利益。委托人在信托财产转移后，不再对财产保留所有权，但仍有权利监督受托人的管理和运用行为。

最后，信托在成立和管理过程中，受到相关法律的制约和保护。信托的成立必须遵守相关的法律法规和监管规定，而对信托财产进行管理和运用必须符合受托人的法定职责和法律要求。如果信托财产受到侵害或信托出现争议，信托当事人可以通过司法途径维护自己的权益。

第二，信托财产是独立的。

首先，信托财产独立于委托人的其他财产。这是由信托的法律本质和基本特征所决定的。这种独立性不仅体现在财产所有权上，也体现在信托目的、管理和运用等方面，这为信托财产的安全管理和保障受益人权益提供了有力的保障。

1.财产转移。委托人将其财产转移给受托人时，已经不再享有这部分财产的所有权，信托财产从此独立于委托人的其他财产。

2.信托目的。为了实现信托目的，委托人可将信托财产用于子女教育、慈善捐款等方面，这样就可以将信托财产与委托人的其他财产区分开来。

3.受益人权益。信托财产的收益和产生的增值归受益人所有，与委托人的其他财产的收益和增值也是相互独立的。

其次，信托财产独立于受托人自身的财产。这有助于避免受托人将信托财产用于维护自己的利益，从而保证了信托财产的独立性和安全性。

1.受托人管理。受托人作为信托财产的管理人，需要按照信托协议或契约来管理和运用信托财产，并且需要履行诚实守信、勤勉尽责、保密等义务，受托人的固有财产与信托财产相互独立。

2.法律保障。根据信托法的规定，受托人不得将信托财产用于自己的利益，也不得将信托财产与其自身的财产混为一谈，这也保障了信托财产的独立性。

最后，信托财产独立于受益人的财产。

1.受益权利分离。信托财产的所有权和受益权是分离的。委托人将财产转移给受托人后，受托人作为信托财产的管理人，根据信托协议的规定管理和运用信托财产，而受益人只享有受益权，不能直接支配信托财产。因此，信托财产与受益人的财产是相互独立的。

2.受益人权利受限。信托财产的收益和增值归受益人所有，但是受益人的权利是受到限制的。信托协议或契约中规定了受益人的权利范围，包括受益权的行使方式、时间、条件等等，受益人不能随意支配信托财产。

3.受托人履行义务。受托人必须按照信托协议的规定管理和运用信托财产，履行诚实守信、勤勉尽责、保密等义务，保护信托财产及受益人权益。这就保障了信托财产的安全性和独立性，使其不受受益人的影响和支配。

第三，信托财产不得被强制执行。

在我国，信托财产不得被强制执行。这是由信托法规定的，这个规定的目的是保护信托财产的独立性和安全性，确保信托财产能够被专门用于实现信托目的，保障受益人的权益。如果信托财产可以被强制执行，那么就可能会出现信托财产被用于还债的情况，这不仅违背了信托的本意，也可能损害受益人的利益。

信托财产一般不得强制执行，但是根据《中华人民共和国信托法》第十七条的规定，有例外的情况：

（一）设立信托前债权人已对该信托财产享有优先受偿的权利，并依法行使该权利的；

（二）受托人处理信托事务所产生债务，债权人要求清偿该债务的；

（三）信托财产本身应担负的税款；

（四）法律规定的其他情形。对于违反前款规定而强制执行信托财产，委托人、受托人或者受益人有权向人民法院提出异议。

总之，信托财产不得被强制执行的规定，旨在保障信托财产的独立性和安全性，确保信托财产能够专门用于实现信托目的，保障受益人的权益。只有某些特定的情况下，信托财产才可以被执行。

保险金信托

什么是保险金信托

保险金信托，是以保险合同的相关权利（如身故受益权、生存受益权等）及对应的利益（如身故理赔金、生存金等）和资金（或有）等作为信托资产，当保险合同约定的给付条件发生时，保险公司将按保险约定直接将对应资金划付至对应的信托专户。信托公司依据能体现委托人意愿的信托合同的有关约定对委托财产进行管理、运用和处分，并将信托利益分配给信托受益人。保险金信托是委托人以财富的保护、传承和管理为目的设立的一种信托，是将保险与信托事务管理服务相结合的一种跨领域的服务，是家族财富管理服务工具。

同时，相较于家族信托，保险金信托交付的财产更集中于保险请求权，而其门槛又较低，通常装入的资金、保单保费或保额总计超过 100 万元，就具备设立的基本条件。再者，它弥补了寿险赔付后资金无法被管理的缺点，因而是人寿保险的补充。

要了解保险金信托，可以先简单地把它理解为简版的"家族信托"，或者是"人寿保险信托"。

因保险金信托包含保险和信托两个法律关系，设立时需要签订保险和信托两份合同。投保人先投保人寿保险；保险合同成立后，投保人作为委托人再与信托公司签订信托合同，将人身保险合同的相关权利及对应的利益和资金等作为信托财产。

当约定的给付条件发生时，保险公司将按保险约定直接将对应资金划付至对应信托专户，信托公司根据与委托人签订的信托合同管理、运用、处分信托财产，实现对委托人意志的延续和履行，实现保险和信托组合后 1+1 > 2 的效果，如图 6-1 所示。

保险+信托：强强联合 1+1 ＞ 2

图6-1　保险金信托是保险与家族信托的强强联合

近几年，保险金信托发展迅猛，不但获得了国内大量高净值人群的欢迎，也颇受中产家庭的青睐。

在保险金给付前，保险金信托是一张大额保单；在保险金进入信托账户后，它就是迷你版的家族信托。家族信托能够实现的功能，比如保护婚姻财产、避免继承纠纷、防止子女挥霍、筹划税务、隔离资产等，保险金信托全部能够做到。

同时，它的模式也在不断创新。根据模式的不同，行业内一般称之为保险金信托的 1.0 版、2.0 版、3.0 版三个版本，在本章第四节中会对其展开说明。

保险金信托的四个误区

大家对于保险金信托的认知存在以下四个常见误区。

误区 1：保险金信托是一种理财产品。

对于大部分人而言，"信托"是一种保本保收益的标准化金融产品，很长一段时间里它是刚性兑付的，以"集合资金信托计划"为主。

而本书讲的保险金信托，不是金融产品，它没有预期收益率，而是一个法律架构，强调资产的保护、管理和传承，是重要的资金管理工具。

误区2：我只管生前赚钱，不管身后传承。

人生短暂，但是作为个体能留下的影响和遗产也许能延续很长时间。因此，个人不仅要专注于如何赚到更多的财富，也需要关注身后的财富传承。

首先，赚钱只是手段，而家庭的长期幸福和发展才应该是终极目标。一个人赚取财富，如果没有对财产进行有序的规划和传承，那么大量财富可能无法给家庭赋能，甚至给后代带来负面影响。

其次，上一辈将要传给自己的资产，以及自己想在未来传给下一代的资产，如果自己不规划，法律就会帮忙规划。而法律规划的结果，往往并不是自己想要的。

再次，财富传承管理有助于增强家庭的凝聚力，传承家庭的价值观。财富传承不仅仅是简单的物质财富的传承，还包括家族文化的传承和家族价值观念的传承。通过规划传承的方式，后代可以更好地了解上一辈的奋斗史，以及家族文化和价值观，增强家庭的凝聚力。

最后，财富传承规划也可以实现个人对社会的贡献。通过慈善捐赠、投资社会公益事业等方式，个人的财富传承可以成为社会发展的助力。

误区3：我够不上信托设立的门槛。

保险金信托的门槛一般是看保单的总保额或总保费，不同保险公司和信托公司的要求不同。配置总保额或总保费为100万元或以上的保单，就有机会对接保险金信托，资金要求比家族信托低很多。

而杠杆寿有强大的杠杆作用，比如一位 40 岁男性配置某公司保额 100 万元的杠杆寿，每年保费 1.8 万元，缴费期 20 年，总保费 36 万元。当他的寿险保单过了犹豫期，他就可以着手设立他的保险金信托，因为这张保单保额 100 万元，已经满足了保险金信托的设立标准。而此时，他只缴纳了 1.8 万元的保费。相当于花了 1.8 万元，就能拥有自己的信托。所以说，要拥有自己的信托，门槛其实并没有那么高。

误区 4：设立信托税费很高。

以保单为基础设立的保险金信托，当资金没有进入信托时，信托只有保险金的请求权，则没有费用产生。如果是寿险，理赔款进入保险金信托后，才开始需要支付每年的续期管理费。

目前，实践中管理费率的多少和诸多因素有关，比如分配方案的复杂程度等，通常为 2‰ 到 7‰ 不等，不能算特别高。而且，虽然要收管理费，但这和保险金信托能对后代产生的深远影响相比，可能并不值得一提。

为什么要设立保险金信托

保险金信托的优势

保险金信托是简化版的家族信托，它既有寿险的优势，又是寿险的极佳补充。相较于寿险，保险金信托具有的优势主要如下：

第一，风险隔离功能加强。

保险金信托可以加强经营风险隔离、婚姻资产规划、身故资金管理等功能。在保险金信托 2.0 版本中，投保人也是信托公司。委托人保留自己的权利越少，隔离的功能越强大。

第二，受益人的范围更广。

大部分的保险公司要求保单的受益人是被保险人的父母、配偶或者子女。如果想要让孙子孙女等第三代作为作为受益人，通常有身份和年龄的限制，需要受益人满 8 岁。而保险金信托的受益人范围更广，只要是和信托委托人有亲属关系的都可以作为受益人，包括血亲和姻亲、远亲等。

第三，实现个性化安排。

保险金信托设立后，当信托财产进入信托，信托公司会根据委托人事先写好的"剧本"，向受益人按时间或事件分配资金，实现不同委托人的个性化需求。比如有的父母希望自己的子女多生育，就可以在生育方面多给奖励；有些父母鼓励孩子创业，就可以在创业资金上提供支持。保险金信托的条款是可以自行拟定的，极具个性化。

第四，身后资产的再管理和分配。

大部分保险公司的寿险赔款是一次性支付给受益人的，受益人一次性获得大笔赔款后会面临诸多风险，比如寿险的赔款总额是 1 亿元，孩子拿到这笔钱之后，该怎么管理？该怎么花呢？他们是否能像父母一样善于规划财富呢？这些都存在不确定性。

而设立保险金信托，当大笔的保险赔款进入信托账户后，就变成了信托财产。父母能防止孩子一次性获得大额赔款后产生的风险，通过对信托财产的个性化分配，拉长了赔款给到孩子的时间，能保证自己在离开人世之后，财富仍旧能够按照自己的心愿进行再管理和分配。

第五，保单集中管理。

保险金信托可以实现不同险种、不同公司的保单集中、统一的管理和投资。不少人在买完保单之后便束之高阁，买过哪些、买过多少都搞不清楚，没有发挥出保单原本应该发挥的功能。设立保险金信托的过程，也是对过往买过的保单的一次系统化梳理，可以更好地发挥出保单应有的作用，也防止保单因找不到、忘记而错失保单的赔款。

与设立家族信托相比，设立保险金信托又具有以下三个明显优势：

第一，资金门槛低。

按照监管要求，家族信托财产金额或价值不低于 1000 万元，一般需要提供合法所得的完税证明。投资所得，要提供投资记录；工作所得，要提供工资流水；赠与或继承所得的财产，则需要提供获得赠与或继承的证明。

而保险金信托一般是按照总保额或总保费来设置对接信托的门槛的，不同保险公司和信托公司的要求不同，总保额或总保费为 100 万元至 300 万元不等。保险金信托的资金要求比家族信托低很多。

第二，具有杠杆效应。

家族信托的财富增值主要依靠信托公司对资产的经营管理，而国际环境和市场变化莫测，资产的升值与否存在不确定性。

而杠杆寿有强大的杠杆作用，比如一位 40 岁男性企业家购买某公司保额 1000 万元的杠杆寿，每年保费 18 万元，缴费期 20 年，总保费 360 万元。如果第二年他遇到意外身故了，杠杆高达 55 倍多。当然，长寿是大家更期待的目标，这位企业家如果缴完了所有保费，杠杆也有 2.7 倍多，财富的放大效应十分明显且确定。

这种作用在其对应的保险金信托中也能得以延续。用相对较少的保费，就能获得较高的身故受益金进入保险金信托。

第三，设立方式更便捷。

从设立要求到设立流程，保险金信托都比家族信托简便。设立家族信托需要完税证明，而保险金信托通常是将保单装入信托，默认保单已经符合完税以及反洗钱等的要求，所以从要求到流程，保险金信托的设立都比家族信托要简便。

第四，资产所有权及流动性。

设立家族信托，必须放弃对资产的所有权，继而也将不再拥有资产的流动性。而设立保险金信托 1.0 版本，委托人就是保单的投保人，并没有放弃保单的所有权，实务中仍然有机会通过保单的贷款和减保甚至是退保，实现资金的流动性。

近年来，保险金信托规模发展迅猛，不但获得了国内大量高净值人士的欢迎，也颇受中产家庭的青睐。

中国信登数据显示，2023 年 1 月，新增保险金信托规模 89.74 亿元，环比增长 67.05%，规模创近 11 个月来新高。①

同时，保险金信托不仅整体规模增长迅速，业务模式也持续创新。保险金信托的灵活性，使得场景化具备了可能性，例如一些信托公司开始根

---

① 中国信登. 1月份，新增保险金信托规模超六成[EB/OL]. (2023-02-07) [2023-11-30]. http://www.chinatrc.com.cn/contents/2023/3/15-b73439c99bff4d229727f34f2032c436.html

据客户的需求探索"保险金信托＋遗嘱""保险金信托＋慈善""保险金信托＋公益"等模式。相信不久的将来，更多新的业务模式有机会落地，走进更多普通人的家庭。在此，我总结了保险金信托相较于终身寿险和家族信托的共同点和差异，如表6-1所示，方便大家参考。

表6-1 三种传承工具的比较

项目	终身寿险	家族信托	保险金信托
身后财产管理功能	无	有	有
设立门槛	无门槛	1000万元起	保费或保额100万元起
管理成本	无	设立费、管理费、其他费用	设立费、管理费、其他费用
杠杆	有	无	有
受益人限制	受益人通常是被保险人的父母、配偶或者子女	受益人范围更广	受益人范围更广，只要和信托委托人有亲属关系的都可以作为受益人，包括血亲和姻亲、远亲等。
财产独立性	好	好	好
流动性	有	无	1.0版本有 2.0版本无

保险金信托的不足之处

同样，保险金信托也存在一些不足之处，我总结如下：

第一，只解决现金问题。

保险金信托内只可以装现金以及保单，因此，只能解决资金的身后传承问题。如果委托人想要通过信托管理其他类型的资产，比如房产和股票，就需要设立其他类型的信托。

第二，保险公司和信托公司没有完全打通。

实操层面，目前保险公司和信托公司相互之间有一个类白名单的战略合作协议，如果要将保险装到信托里去，通常需要在保险公司合作的白名单里寻找合适的信托公司。如果投保人作为委托人对信托公司及保险公司都有要求，希望将保单装入指定的信托公司，则保险公司和信托公司需要先互相授权，签署战略合作协议，实现的时效会比较漫长。

第三，有一定门槛。

配置寿险几乎没有门槛。而保险金信托的门槛虽然低，但仍是有门槛的。目前市面上大部分的信托公司要求未来装入的资产满足300万元，对资产要求100万元的信托公司偏少。而对于这样的门槛而言，也不是所有家庭都可以满足的。

第四，专业配套水平有待提高。

信托公司和保险公司共同发展保险金信托业务，需要依靠专业化团队、完善的服务体系及运营能力等，而目前双方在这方面的能力都还有提升的空间，同时双方业务对接的流畅度也有待提高。

第五，行业制度有待完善。

目前，保险金信托业务的基础性制度建设还不够完善，包括市场准入资质、受托财产要求、税收规则等均不明确，大家都十分期待有明确的方案落地。

哪些人特别建议订立保险金信托

对于以下类型的家庭或个人，保险金信托可能非常适合他们。

第一，希望财产可以更长久地为家庭成员赋能的人士。如果只安排了遗嘱和寿险，主心骨离世后的资产将面临诸多不可控因素。因而，通过保险金信托的设立，至少可以在自己离世之后的资金使用方面做出明确的规划，保证家人有规律地、在较长的时间内获得用于基础保障生活的资金。

第二，多婚姻多子女家庭。这样的家庭通常人物关系复杂，传承需求也比较复杂。为了防止主心骨离开人世后，亲人之间对遗产的继承有不同意见，可以提前使用保险金信托做出传承安排。

需要注意的是，签署保险金信托合同需要夫妻两人共同签署，如果涉及未公开的非婚生子女，需要从长计议。

第三，希望提前对资产进行隔离的人。保险金信托 2.0 版本能将投保人也改成信托公司，它保留委托人的权利很少，所以它的隔离功能也更好。关心家庭长期的发展，以及担心自身未来会发生债务问题且又担心向家庭蔓延的人，可以尽早设立保险金信托，为自己和家人规划出必需的生活保障资金。

保险金信托怎么设立

在设立保险金信托之前，先来了解它的三种业务模式。

保险金信托的三种业务模式

首先是保险金信托 1.0 版。

保险金信托 1.0 版本是出现最早的，也是最基本的保险金信托模式。它可以做到寿险理赔款的再管理和分配，同时具有寿险和信托两者的优势。

具体方法是：投保人先投保寿险，当保险合同生效后，投保人和信托公司再签订保险金信托合约，变更保单的受益人为信托公司。信托公司将作为保单受益人按约定对信托财产进行管理及处分，并分配给信托受益人，如图 6-2 所示。

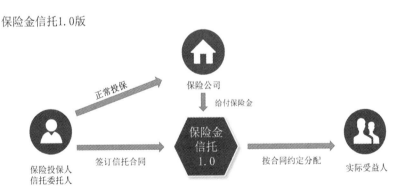

保险金信托1.0版

正常投保 → 保险公司 → 给付保险金

保险投保人 信托委托人 → 签订信托合同 → 保险金信托 1.0 → 按合同约定分配 → 实际受益人

保单层面：投保人-客户；保险人-保险公司；受益人-信托公司
信托层面：委托人-客户；受托人-信托公司；受益人-客户家庭成员

图6-2 保险金信托1.0版

保险金信托 1.0 版本的优点是：保单仍旧是投保人的资产，投保人可以通过贷款或者减保来实现保单的流动性。这是保险金信托最基本的模式，可以解决购买大额保单后的赔付后的资金管理问题。相较于传统的家族信托，它门槛更低，应用广泛。

1.0 版本主要存在的问题是：第一，因为保单是投保人的资产，若投保人退保，整张保单就不存在了，整个信托相当于无效；第二，若投保人和被保险人不是同一个人，而投保人先于被保险人身故，保单就变成了投保人的遗产，需要按遗产继承方式分割。因而这个保险金信托事实上是不成立的。[①] 第三，虽然部分信托公司会在合约中要求投保人不得使用保单自带的贷款功能，但实际上这些操作是保单投保人拥有的权利，信托公司并无法控制，进而会导致信托财产减少甚至信托无效。

其次是保险金信托 2.0 版。

2.0 版本是在 1.0 版本上的优化。保险金信托 2.0 版本是指当事人先作为投保人购买寿险。当保险合同生效后，该当事人将自己投保人的身份更改为信托公司，将保险合同的受益人也更改为信托公司，同时将续期的保险费也提前置入信托，由信托公司按保险合约的约定缴纳续期的保费，如图 6-3 所示。

当保险金给付条件获得满足时，保险公司将保险金给付至信托公司，由信托公司按照信托合同的约定对保险金进行管理、运用，并分配给信托受益人。

---

① 李升，江崇光.家族信托及保险金信托100问[M].北京：电子工业出版社，2023：305.

由于1.0版本存在的一些问题会导致保险金信托不一定成立，就有了2.0板本的诞生。要注意的是，这两个版本是不冲突的，1.0版本仍是最基础和设立最方便的方式，当事人可以根据自己的实际情况以及喜好设立多个保险金信托。

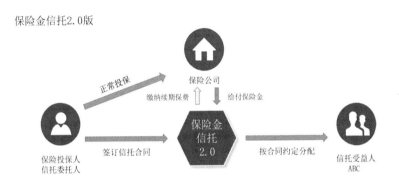

图6-3　保险金信托2.0版

2.0版本通过变更投保人解决了1.0版本退保及投保人先于被保险人身故的问题，同时，投保人也更改成了信托公司，避免投保人身故后保单作为遗产被分割，也就隔离了投保人的债务。

但2.0版本的优点也是它的缺点。因为投保人已经更改成信托公司，所以原来的投保人就不能用它进行贷款或减保，这笔资产没有了流动性。

最后是保险金信托 3.0 版。

保险金信托3.0版本的具体操作模式有多种说法，通常认为是先成立家族信托，再按合同约定，用信托资金出资配置保单，这份保单的保费，由信托公司持有的家族信托内的信托财产支付，投保人是信托公司，受益人也是信托公司。这种方式因为保单由信托公司直接投保，对风险的隔离更充分。

虽然保险金信托3.0版本已经面世，但因实践中存在一些无法解决的问题，目前我们能接触到的保险金信托多为1.0版本和2.0版本。当然，随着保险金信托的持续发展，不久的将来一定会出现更多改进的模式和实践案例。

将目前存在的保险金信托的三种模式进行比较，可以发现，其具有各自的特点及优势，如表6-2所示，实操中，要结合自己的实际情况，选择最适合自己的模式。

表6-2　保险金信托的三个版本比较

保险金信托版本	保单投保人	保单受益人	委托的信托资产	信托成立方式
1.0版本	客户本人（信托委托人）	信托公司	保险金赔款	保单成立后：变更受益人为信托公司
2.0版本	信托公司	信托公司	保险金赔款	保单成立后：1. 变更投保人为信托公司 2. 变更受益人为信托公司
3.0版本	信托公司	信托公司	委托人资金	信托公司以投保人身份去配置寿险，信托公司为受益人

设立流程

设立保险金信托，通常需要当事人先与专业人士沟通，确定需要以保单＋保险金信托的方式来完成自己的心愿，再确定期望分配资金的顺序和方式。之后，当事人要作为投保人购买一张大额保单，通常是终身寿保单，同时与信托公司沟通信托方案。

以保险金信托 1.0 版本为例，当事人与信托公司在方案上达成一致，且待过了保单犹豫期之后，保单的投保人作为信托委托人就能与信托公司签订信托合同，将受益人变更为信托公司，保险金信托 1.0 就成立了。

设立保险金信托涉及保险公司和信托公司。在设立的过程中，有的会要求当事人分别与保险公司、信托公司签订合同，有的则要求当事人和保险公司、信托公司签订三方合同。虽然订立合约的方式有些许差异，但大致流程是相似的：

第一步，了解如何设立保险金信托。

要设立保险金信托，应当首先对它的功能有大概了解，并确定需要设立的模式。

第二步，配置大额保单，通常是终身寿险。

第三步，选择适合自己的保险公司，开始配置大额保单。因为保险金信托能实现自己身故之后对财产的控制和分配，因而保险金信托中的保单多是终身寿险。同时，这张寿险保单的保费或保额要满足设立保险金信托的门槛。

第四步，选择信托公司。

目前，保险公司有一些指定合作的信托公司。当事人在配置保险前，就可以开始了解与保险公司合作的信托公司有哪几家，它们合作的信托公司是否符合自己的喜好，信托公司设立的门槛，服务的能力，设立费、管理费情况，它们的管理方式和财产处置能力与自己的需求的匹配情况，等等。对于委托人而言，可以在与保险公司建立合作的几家信托公司里选择适合自己的信托公司，也可以要求指定信托公司。但若要指定自己想要的信托公司，保险公司和信托公司之间需要先签订对公协议，时效上比较慢。因而我们通常推荐选择已经和保险公司建立合作的信托公司，从合作的流畅度而言，体验性更佳。

第五步，商议信托方案。

确定信托公司后，需要填写《信托意向书》，并以委托人的身份向信托公司提出设立保险金信托的申请，内容包括设立信托的目的、信托收益的分配方案等内容。对于委托人而言，在未来按什么时间和事件、向谁、如何分配信托受益等问题，在这个阶段都应该已经基本明确。

第六步，资料提供。

当事人根据信托公司设立保险金信托的要求提供资料，比如相关人员的身份证及银行卡号、相关人员的关系证明、资金来源等。只有资料符合要求，才可以设立保险金信托。

第七步，拟订信托合同。

若委托人提供的资料符合要求，信托公司会提交公司的合规部审核并开始根据客户的个性化需求起草信托合同，并与客户确认或修改内容。

第八步，签订信托合同。

客户和信托公司就合同内容达成一致后，双方需要签订信托合同，同时进行录音和录像。双录需要保险的投保人（信托的委托人）、被保险人同时参加，委托人的配偶大部分情况下也要参与。如果信托设计了监察人，监察人也需要参与双录。

第九步，变更保险受益人。

当保单过了犹豫期，当事人同时作为保单的投保人和保险金信托的委托人，需要到保险公司做变更。如果是设立 1.0 版本，就只将保单的受益人变更为信托公司。如果是设立 2.0 版本，就将投保人和受益人同时变更为信托公司。

第十步，成立信托。

在客户签订信托合同、双录并按信托合同约定转让保险金请求权后，信托公司会将此份信托合同在中国信托登记有限责任公司进行登记。最后，信托公司会将信托合同递送到客户手中，并出具成立报告。

第十一步，支付设立费。

委托人需要向信托公司缴纳信托的设立费。目前在大部分信托公司设立保险金信托，委托人需要缴纳 1 万～5 万元不等的设立费，一次性收取。实践中有些保险公司会和深度合作的信托公司开展活动，在一定时期免收设立费等。这些在配置保单之前都最好仔细了解清楚。

第十二步，缴纳续期管理费。

当信托财产进入信托后，需要每年支付续期管理费。目前，实践中信托公司收取的管理费率为 2‰ 到 7‰ 不等。管理费的多少和诸多因素有关，比如分配方案的复杂程度等，设立时当事人需要了解清楚。

实战案例

【案例 1】巧用保险金信托，管理离婚后财产

F 女士是一位外企 CFO，早些年她忙于工作，疏忽了和丈夫的感情。在得知丈夫出轨后，F 女士与其离婚，并独自抚养双方的儿子小 F，而前夫次年再婚了。有一次，她在开车时偶然听到广播电台在说法定继承的分配方式，得知万一自己英年早逝，她的财产虽由儿子部分继承，但可能因其未成年，需要其监护人，也就是她离婚的丈夫代为办理遗产继承手续和管理遗产。想到自己的财产可能会被前夫和他现任的太太控制，她实在无法接受，想要寻求一个解决方案。

案例中的 F 女士有三个法定的第一顺序继承人：F 父亲、F 母亲、F 儿子。如果 F 女士先亡，以上三位亲人每人各能获得她名下 33.3% 的财产，如图 6-4 所示。

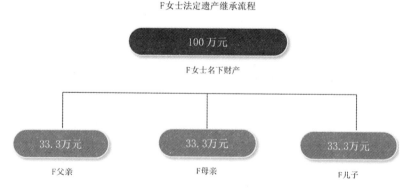

图6-4 F女士法定遗产继承流程

因为 F 女士的父母原先都是当地的公务员，退休后的工资足够他们日常生活开销以及常规的看病支出，所以她希望如果未来自己有了不测，自己的财产主要留给儿子，这也是大部分人心中的愿望，希望将财产往下传承。

因为遭受背叛，F 女士多少对前夫心有芥蒂，不希望他未来有任何接触到自己财产的机会。同时，她也担心，天有不测风云，自己若是早亡，自己财产会被前夫管理，而孩子失去主要的经济来源，没有依靠。

【规划建议】

F 女士可以把自己作为投保人和被保险人配置大额寿险，将受益人设置为信托。万一自己遇到不测，保险赔款进入信托，按条件或事件向她的儿子分配资金。

首先，因为 F 女士是职业经理人，没有公司债务，也没有房贷，所以可将投保人、被保险人都设计成她自己，最终的受益人为她最想提供经济支持和保护的儿子。

其次，因为 F 女士主要担心其身故较早，其前夫会介入管理她的遗产，因而可以选择保险金信托 1.0 模式，当保单成立后把受益人更改为信托公司，当自己遭遇极端风险，寿险赔款会进入信托公司，再由信托公司按条件支付给儿子，从而避免前夫的介入，也可以有序保障儿子长期的经济来源。

最后，保险金信托条款也可以约定儿子获得的信托财产属于儿子的个人财产，从而又规划了儿子的婚姻财产。

在此，我为她制订了一份信托给付方案，供参考：

（1）信托分配方案从 F 女士身故时启动；

（2）保单受益人 100% 为 F 女士的儿子；

（3）若未来儿子结婚，此部分信托收益仍为其个人财产，非夫妻共有；

（4）在儿子求学阶段，可以领取当地最低工资的 3 倍作为生活费，由 F 女士的母亲或者父亲代为管理这笔资金；

（5）所有的学杂费以信托资金支出；

（6）儿子工作后，每个月可以领取和税后工资等额的信托财产，儿子收入越高，领取越多；

（7）若儿子结婚，可一次性领取 100 万元信托财产；

（8）若儿子创业，可一次性领取 100 万元信托财产；

（9）若儿子喜获后代，每生一个可一次性领取 100 万元信托财产；

（10）儿子满 35 周岁，可一次性领取剩余所有的信托财产。

（11）若儿子意外身故，信托财产仍未领完，而儿子已经有了后代，则信托财产按相同的条件向第三代给付；若此时无第三代，则剩余资金向在世的外公外婆一次性分配；若此时无第三代，外公外婆也不在世，则向儿媳一次性分配剩余资金；若此时以上人群都不存在，则一次性向某慈善基金会捐赠剩余资金。

【案例 2】巧设架构，企业家巧避企业经营风险

K 先生是一位餐饮企业主，为了抢占市场，他在全国各地开设了多家连锁餐饮店。近几年，餐饮行业生意不佳，和他相熟的几家餐饮企业陆续倒闭，他自己也有几家门店的销售额开始下滑，为了正常支付租金、员工工资，

熬过这艰难的几年，他有时会动用家里的储蓄。

这种行为让他的太太开始心惊胆战，经营餐馆是为了创造财富，怎么还要从家里拿钱？家里只有 K 先生是主要的创富者，如果他有三长两短，这个家该怎么办？她开始有了种种不安全感，担心一旦爆发危机，自己的养老金和给女儿准备的嫁妆都要搭进去。

K 先生从家里拿钱的行为属于经营上的公私不分，这在民营企业的经营中十分多见。这种行为经常还伴随着过往把公司利润以不合规的方式转移。一旦企业的经营发生风险，他的家庭也要为他的公司债务承担无限连带责任。经营总是伴随风险的，市场的变化也无法控制，因而他太太的担忧不无道理。

根据上述的内容，他太太主要担心的是：若丈夫的经营发生问题，餐馆的发展资金要家里垫付，影响家人的生活保障、女儿未来的家产。

因而，为了防止危机影响到家庭，K 先生开始考虑，调整家庭的资产结构，通过保险金信托的方式给太太一份保障、一份安心。

【规划建议】

K 先生设立自己为投保人、被保险人的大额保单。因为考虑到继续经营餐饮行业可能会有债务发生，为了彻底防范风险，拟设立保险金信托 2.0 版本，在寿险保单生效后，同时更改投保人和受益人为信托公司，杜绝风险的发生。

在此，我为她制订了一份信托方案，供参考：

（1）信托分配方案从 K 先生身故时启动；

（2）保单受益人为自己的太太和女儿；

（3）太太可以在他身故后每月领取当地最低工资的 3 倍作为生活费直至身故；

（4）在女儿求学阶段，可以领取当地最低工资的 2 倍作为生活费，学杂费也从信托资金支出；

（5）若女儿要出国继续攻读学位，可一次性支取 200 万元现金；

（6）若女儿结婚，可一次性领取 100 万元信托财产；

（7）若女儿创业，可一次性领取 100 万元信托财产；

（8）若女儿结婚，领取的信托收益仍为其个人财产，非夫妻共有；

（9）女儿喜获第一个孩子，可一次性领取 100 万元信托财产；

（10）当女儿生育二宝，或者年满 40 周岁，则一次性向其分配剩余信托资金。

常见问题解答

一、保险金信托有没有设立门槛？

目前，各家信托公司对保险金信托的设立门槛都有一定的自主权，一般为 100 万元至 300 万元保费或保额不等。比如，一家信托公司设立保险金信托的门槛是 100 万元，客户的保单总保费或者保额若达到 100 万元，就符合设立保险金信托的标准。

二、设立保险金信托，会产生哪些费用？

主要有设立费、管理费及其他税费。

设立费在设立之初收取，目前实践中的设立费 1 万元至 5 万元不等。也有些信托公司和保险公司有深度合作，对于特定时期设立的保险金信托有设立费的优惠或减免。

管理费在财产进入信托之后才开始收取，通常是按信托财产的比例按年收取，费用比例的高低和信托公司的管理复杂度有关。

保险金信托涉及的其他税费，如购买公司自身集合资金信托产品等，这是由投资自身公司的底层信托产品进行代扣代缴的。

设立保险金信托，具体涉及哪些税费，建议在设立之前就具体了解，并在合约中明确约定。

三、什么是保险金信托的信托财产？

信托财产可以是年金、寿险赔款以及现金，三者可以独立存在或者同时存在。

如果信托财产是寿险赔款，保险金信托设立之初，约定的赔付责任并没有发生，因而保险金信托内是没有信托财产的，作为保单的受益人，信托财产是保险金的请求权。

四、设立保险金信托需要配偶共签吗？

我国实行夫妻财产共有制。设立保险金信托时，如果委托人已婚，目前大部分的信托公司要求委托人及配偶一同签字并录音录像。除非委托人可以提供相关证明资料，证明设立信托时提供的财产属于自有财产，不是夫妻共同财产。

五、如果设立保险金信托时配偶并不知晓，未来可能会发生什么纠纷？

如果双方离婚，配偶知道有这个保险金信托的存在，可以要求分割信托财产。

如果信托内只有寿险保单，而此时赔款事件仍未触发，信托只有保险金的请求权，此时配偶可以要求分割保单的现金价值。而保单现金价值在离婚时是否需要分割，则取决于配置保单的财产属于配偶一方还是夫妻双方共有。

如果保单内有现金且是夫妻的共有财产，配偶可以要求分割出保险金信托内属于自己的部分。

六、为什么保险金信托装的多数是寿险保单？

不少投保人配置寿险的一个重要目的，就是财富的传承。这些人往往对家庭有很强的责任感，也懂得未雨绸缪。寿险的规划可以提高传承的确定性，但它无法解决大额资金向受益人分配后，受益人滥用或者被骗的问题，因而把寿险保单赔款装入信托，按条件或事件向信托受益人分配寿险赔款，可以更好地管理寿险赔款，是寿险的一个绝佳补充，有 1+1 > 2 的功能。

只要投保人不主动终止保单，财产进入信托的预期和金额是比较明确的，分配方案也比较明确，委托人在自己身故以后，仍可以让财产按照自己的意愿进行分配，是生前的自己给身后的财产提前写好的剧本。

七、寿险保单装入信托后，投保人还能使用保单贷款功能吗？

如果委托人选择的是保险金信托 2.0 版本，那么保单的投保人也会变更成信托公司，委托人作为原投保人无法对保单进行贷款、减保。

如果委托人选择的是保险金信托 1.0 版本，情况就不太一样，是否可以贷款存在争议。因为部分信托公司虽然会在合同中约定，委托人作为保单的投保人，不得进行保单贷款、减保甚至退保。但是在实操中，因为保单仍旧属于投保人的资产，投保人可以在保险公司 APP 或者微信公众号内对保单进行贷款等操作，而不需要通知信托公司，该条款对于信托委托人没有实际意义上的约束能力。

所以，目前而言，就保险金信托 1.0 的版本来说，投保人可以使用保单的贷款功能为自己提供资金的流动性。

八、保险金信托 1.0 和 2.0，哪个隔离功能更好？

保险金信托 2.0 版本。因为这个版本保留了投保人比较少的权益，相对而言隔离功能更好。

九、把年金保单装在保险金信托里是否意义不大？

年金设立的目的通常是获取终身的确定现金流。在保险金信托中，把年金装入信托，再分配给受益人，实现的功能和保单原本就能实现的功能类似，还徒增信托管理费，意义并不是很大。

十、保险金信托是否只能管理现金类资产？

是的。保险金信托不能装其他类型的资产，只能是现金类。也因为其管理的资产类型单一，设立门槛低、分配方案明确，适用的人群更广。

十一、保险金信托成立后，是否可以变更分配条款或者增加受益人？

可以。如果要变更条款或者增加、减少受益人，都可以和信托公司取得联系后更改，但通常信托公司会收取一定的费用。这部分费用的多少通常在设立信托之初就已经在合约里约定。

十二、保险金信托 1.0 成立后，还能变更保单投保人吗？

变更保单投保人，通常的情况是：投保人想将保单作为一份资产送给被保险人或者受益人；或者夫妻离婚，双方的法律关系发生了变化。

如果保单的投被保险人不一致，而投保人希望进行投保人变更，只要被保险人同意，且新的投保人和被保险人有可保利益，就可以变更投保人。

如果保单的投被保险人一致，投保人需要更改的新投保人与自己有可保利益，那么，就可以变更投保人。

以上规则，在保险金信托 1.0 版本里同样适用，因为 1.0 版本只是受益权发生了变更，保单本身还是属于投保人的资产，而投保人变更投保人是自身拥有保单的权利之一，作为投保人，只要在保险公司的 APP 或者微信公众号进行变更即可。

除非应部分信托要求，在设立之初就做好了特殊约定，委托人不能变更投保人。

十三、投保人在未告知信托公司的前提下变更了投保人，保险金信托是否仍旧成立？

实务中，不一定。投保人变更后，保单的所有权发生了变化，照理说保险金信托的法律基础也发生了变化。

有些信托公司会认为，保单变更投保人以后，原投保人不再是保单的拥有者，新的投保人有指定受益人以及分配保险赔款的权利，那么原来设立的保险金信托也就不存在了，信托终止。

有些信托公司会认为，保单变更投保人以后，虽然原投保人不再是保单的拥有者，但保单存续，信托财产并没有发生变化，所以信托存续。

十四、保险金信托 1.0 版本中，若投保人退保，信托怎么办？

实务中，退保属于投保人的权利之一，信托公司并无法控制。若投保人退保，会直接导致信托财产灭失，信托终止。

还有一些其他情况，比如保险财产被认定为来源不合法，或其他骗保、未如实告知等导致的保单失效，信托都会同时终止。

十五、投被保险人不一致的保险金信托，可能面临什么风险？

举个例子。保险金信托 1.0 版本中，投保人是先生，被保险人是太太。当先生比太太早身故时，保单的现金价值会直接变成先生的遗产，继承人对保单进行继承后，保险赔款可能无法进入信托，信托的目的也就无法实现。除非先生已经在遗嘱中指定保单归属于同意信托存续的人，比如自己的太太，或者保单有第二投保人。但是，发生上述情况后，原信托是否存续是存在争议的，不同的信托公司会有不同的认定方法。

因而，在设立保险金信托时，尽量将投被保险人设置为同一人，或者选择 2.0 版本，在保单成立后直接将保单的投保人变更为信托公司，以免发生上述情况，让信托存在不确定性。

十六、保险金信托一旦成立，委托人是否可以变更？

不可以。因为在所有的信托关系中，都不可以变更委托人。

但如果委托人一定要变更保单的投保人，且担心信托可能因此失效，建议在更改投保人后，终止原来的保险金信托，由新的投保人重新再设立一个新的保险金信托。

十七、若投保人减保，导致信托财产较少，目前信托公司会怎么办？

一般信托合同内会约定，如果信托财产过低，信托会提前终止。

十八、受益人是信托公司的保单，如何申请赔款？

通常被保险人的近亲属会第一时间知道被保险人身故，那么由近亲属，通常也是信托的实际受益人应通知保险公司和信托公司，并配合提供理赔材料，由信托公司向保险公司申请赔款。

因此，保单或保险金信托设立后，一定要在某个合适的时机告知受益人，或者在遗嘱内写明有信托的存在。不要因为信息的遗漏而致使家人错失保单的受益权。

十九、受益人是保险金信托的保单，申请理赔的资料有哪些？

和寿险保单的身故理赔需要的资料类似。信托公司需要提交保险合同、被保险人死亡证明、死亡原因证明、信托公司营业执照等证明。

二十、受益人获得的信托财产，是个人财产吗？

我国实行夫妻财产共有制，但赠与或遗嘱内明确只给予夫妻一方的财产，属于个人财产。类似地，如果委托人不希望受益人获得的信托财产是夫妻共有的，可以在信托文件内约定，只将信托财产分配给某一人，与其配偶无关。关于这条，也是目前大部分将信托财产分配给子女的父母最重视的一个条款。

未来，当子女收到信托财产后，若对这笔财产进行妥善的管理，婚内夫妻可以共用这笔财产；但若是离婚，账户内的余额及未来将要获得的信托财产，都与其配偶没有关系。

07

进阶的财富管理与传承工具

前文提到，普通人的资产管理和传承的工具是赠与、遗嘱和寿险，如果希望提前为离世后的资金使用做一些规划，可以考虑保险金信托。

本章节讲的内容，仅针对高净值人群的规划。虽然人生的财富体量不同，但是人生的愿景是相似的。管中窥豹，了解高阶财富管理工具，可以帮助我们摸清高净值人群的规划思路，开阔自己的视野，从而打破思维局限，激发自己的动力和勇气去追求更高的目标。

家族信托：高净值人士必备

家族信托的常识

家族信托，通过其信托财产的独立性与信托独有的法律关系，为委托人实现资产的保值、增值、隔离与传承等，满足高净值人群日益增长的财产隔离、保护、传承等一系列的财富需求，同时也能隔离家庭财产与企业财产的风险，减少继承的纠纷，是专属于高净值人群的金融工具。

家族信托是一个法律架构，是一种财产管理和转移的制度安排，它利用法律赋予信托的财产独立性，助力委托人实现风险隔离、资产管理，以及财富传承等个性化、定制化目的。2018 年 8 月 17 日，《银保监会信托函》（〔2018〕37 号文）中，出现了我国最早、最清晰的关于家族信托的定义："家族信托，是指信托公司接受单一个人或者家庭的委托，以家庭财富的保护、传承和管理为主要信托目的，提供财产规划、风险隔离、资产配置、子女教育、家族治理、公益（慈善）事业等定制化事务管理和金融服务的信托业务。"

可见，相较于大家更熟悉的标准化金融产品，家族信托更强调资产的保护、管理和传承，是重要的财富管理工具。家族信托能管理委托人的婚姻财产，也能实现委托人生前和身后对财富的控制，是一个家族财富的系统化解决方案。

设立家族信托，比单纯购买一个信托理财产品要复杂许多，如表7-1所示。

表7-1　集合资金信托与家族信托的比较

项目	集合资金信托	家族信托
性质	自益信托	他益信托
信托目的	投资理财	资产的保护、管理和传承
财产性质	现金	现金、房产、股权等
夫妻共签	不需要	需要
完税证明	不需要	需要
存续期间	短期，2～5年	长期，一般为10～99年
资产隔离时间	与续存期相同	与续存期相同
收益率	有预期年化收益率	无预期收益率
合约	标准化合约	个性化定制
费用	无设立费、管理费	有设立费、管理费和其他费用

2023年3月，中国银保监会下发《中国银保监会关于规范信托公司信托业务分类的通知》：银保监规〔2023〕1号文件（以下简称"通知"），将

信托公司业务分为资产服务信托、资产管理信托、公益慈善信托 3 类，3 个大类共 25 个业务品种。未来，信托将回归本源，明确业务边界，穿透底层监管，统一监管标准。

"通知"正式实施是在 2023 年 6 月 1 日，设置 3 年过渡期。在 3 年过渡期之后，信托公司对于当前需要整改的业务必须整改到位不再进行续作。

这是资管新规后监管部门出台的对信托业务转型的指引，也是信托行业未来整体发展的方向。

家族信托的种类

作为资产服务信托业务中重要的信托业务品种，家族信托按照不同的标准，有不同的分类方法。

首先，按设立方式划分，家族信托可分为生前信托和身后信托。

1. 生前信托

生前信托较为常见，是委托人和信托公司经过充分沟通后，在委托人活着的时候就将资产装入信托。我们耳熟能详的家族信托几乎都是这种方式，目前我国已经设立的家族信托也多为这种方式。

2. 身后信托

身后信托又称遗嘱信托，是指委托人通过遗嘱的形式指定受托人设立家族信托。通俗地理解，人活着的时候，资产都是自己的。等自己离世以后，通过遗嘱将遗产装入信托的方式就是遗嘱信托。戴安娜王妃生前立下的遗嘱信托就是知名的遗嘱信托之一。因为遗嘱执行时必须公开，因而遗嘱信托没有保密的功能。而由于遗嘱信托必须在委托人身故后才能生效，如果委托人生前没有与受托人充分沟通信托方案，还可能产生很多的麻烦和不确定性。

戴安娜王妃的遗嘱信托

1997 年，36 岁的戴安娜王妃在法国巴黎因车祸离世，全世界为之震惊。

然而，早在 4 年前，她就立下遗嘱，在她去世后，将遗产设立成信托基金，两个儿子作为受益人将可平均享有信托收益。

遗嘱还规定，当威廉王子与哈里王子年满 25 岁时，他们可以开始自由支配遗产的一半收益，30 岁开始便可以自由支配一半的本金。遗嘱条款中也允许两位王子在互相同意的情况下，可调整两人资产分配的比重。

这份遗嘱得到了圆满的执行，戴安娜王妃留下的 2100 多万英镑巨额遗产，在扣除 850 万英镑的遗产税后，还有 1296.6 万英镑的净额。2007 年，威廉王子年满 25 岁，经过遗产受托人多年的成功运作，信托基金收益估计已达 1000 万英镑，10 年时间接近翻番。

更令人动容的是，戴安娜王妃生前曾在遗嘱中增加了一封特别的"愿望信"，信中表示要把自己所有的珠宝都平分给两个未来的儿媳。她在信中这样告诉遗嘱执行人："我希望你把我所有的珠宝平分给两个儿子，将来他们的妻子可以拥有这些珠宝，并在特定的场合佩戴。我相信以你的判断，会有一个明确的分配。"

2011 年 4 月 29 日，在英国王室为威廉王子举行的大婚典礼上，凯特王妃佩戴的就是当年戴妃的 12 克拉蓝宝石订婚戒指和璀璨的珠宝。

威廉王子说："我用这种方式，确保母亲没有错过我生命中这个重大日子，母亲会见证我们的喜悦和兴奋。"

虽然戴安娜王妃在两个孩子年少的时候逝去，但她给他们的祝福并没有缺少，遗嘱信托让她以这种特殊的方式见证了自己孩子人生中最重要和最幸福的时刻。

戴安王妃通过遗嘱信托，不仅实现了财富的传承，更实现了爱的延续。

其次，根据设立地点，家族信托可以分为两类。

1. 在岸家族信托

在岸家族信托，又称国内信托、境内信托。中国委托人在中国境内设立家族信托，就是在岸家族信托，适用我国法律法规。

2. 离岸家族信托

离岸家族信托又称外国信托、境外信托。中国委托人在中国境外设立的家族信托，就是离岸家族信托，适用设立当地的法律法规。国内一些超高净值家族，资产大多是全球布局的，他们的海外资产需要用离岸信托进行布局。

当然，在岸信托和离岸信托是不冲突的。为了实现最佳的布局和分配方式，也为了实现税费的最优组合，高净值家庭可以在不同地点设立不同的家族信托，以满足自身的需求。

再次，家族信托可以根据是否可以撤销来划分。

1. 可撤销家族信托

可撤销家族信托，是指委托人在家族信托文件中保留了随时增减信托财产的权利，以适应自己的需要。以信托非常发达的美国为例，联邦政府认为可撤销家族信托并未完成一个有效的赠与，因为委托人随时可以撤销信托，他并没有放弃他的财产权利，因而仍要缴纳联邦的遗产税。

2. 不可撤销家族信托

不可撤销家族信托，是指除依照信托文件所记载的条款外，不得由委托人终止的家族信托。在这种信托中，委托人可以增加信托财产，但是不得减少信托财产。

依照各国目前的情况，成立可撤销家族信托还是成立不可撤销家族信托，由当事人决定，我国目前的做法也是如此。但是，除非委托人在信托文件中明确要求成立的家族信托是可撤销信托，否则设立的家族信托均为不可撤销信托。要求设立可撤销的家族信托在设立时可能会面临监管机构的审核挑战。

最后，家族信托还可以根据信托财产性质来划分。

根据信托财产的性质，家族信托又分为保险金家族信托、股权家族信托、不动产家族信托、艺术品家族信托。其中，保险金信托属于家族信托的"简版"，应用场景很广，关于保险金信托的知识和应用已经在第六章节有展开说明。

为什么要设立家族信托

在海外，洛克菲勒家族、罗斯柴尔德家族、卡耐基家族等著名家族的资产都通过家族信托的设计实现了数代的传承。

和其他的传承方式相比，这里罗列 10 个家族信托的优势：

第一，隐私保护。目前家族信托没有公开披露的要求。委托人和受益人的信息、数据以及利益分配方式都是保密的，外人无从得知。委托人如果有一些特别想要照顾的人，比如特别偏爱的子女，比如非婚生的子女，都可以通过家族信托受益人的方式，保证他们的权利，同时也保护委托人自己和他们的隐私。

第二，**婚姻资产规划**。家族信托能实现婚前财产、再婚前的个人资产、子女的婚姻资产、离婚资产等规划。信托财产独立性强，在规划婚姻财产的问题上，具有无可比拟的优势。

第三，**实现身后控制，防止后代挥霍、被骗**。财富应该给家人带来幸福和快乐，但如果大量的财富在父母身故后一次性给到子女，子女不好好利用，也会给子女带来灾难。而设立家族信托，信托财产通常是按照时间或者事件来分配的。这样做既可以保证后代定时拿到信托财产，生活无忧，又能避免子女因无法控制自己挥霍家产，或者受诱惑被骗。

第四，**传承人选更灵活**。受益人由委托人指定，可以是配偶、子女，也可以是自己的第三代，甚至还可以包括没有出生的人以及旁系亲属。

第五，**资产规划时间更长**。家族信托不但可以规划自己的第二代，甚至可以实现第三代、第四代的财富规划方案。

第六，**传承手续简便**。信托财产不是委托人的遗产。所以，家族信托通过信托文件，会按照约定的方式对指定的受益人按时间、事件进行财富分配，避免了遗产继承手续的烦琐。

第七，**传承方案定制化**。家族信托文件中，可以设计一些特殊的条款，实现委托人个性化的需求。比如，某企业主的孩子不想婚嫁，则作为委托人的企业主可以在家族信托中约定，如果将来孩子结婚并生下下一代，就可以一次性获得信托财产的大笔奖励，否则早期得到的利益就比较少。通过这样的条款，委托人可以督促子女实现自己的个性化心愿。

第八，**财富增值**。家族信托可以个性化定制资产投资组合，从而实现财富的保值和增值。但这只是一种可能性，实操中具体的投资结果取决于诸多因素，财富并非永远在稳步升值。

第九，**债务隔离功能**。信托财产是独立存在的财产，财产装入信托前需要经过合规审查。委托人将财产置入信托，家族信托成立后，财产就不再属于委托人了，因为这部分财产的法定所有权已经转移了。如果委托人未来发生债务纠纷，不会影响已经置入信托的这部分财产的安全，除非能证明委托人设立信托是恶意的。

第十，**税务筹划**。在我国，因为相关法规没有明确，所以关于家族信托的税务规则也不是很明确。目前在实际操作中，设立家族信托会产生一定的税费，但也会有一定的税务筹划的功能，这里仅以目前实操中的一些做法进行阐述。

实操中家族信托在设立阶段，信托公司会要求委托人支付一笔设立费，通常在2万元至5万元不等。资产置入信托后，也会有费用产生，比如：每年的管理费；不动产置入信托，需要按交易过户的方式征税；将公司的股权置入信托，需要按照视同交易的方式过户并缴纳税费。但现金类资产置入信托，事实上暂时没有征税，且现金类资产的分配目前也不征税。

家族信托在遗产税的优化方面也有优势。虽然我国目前并没有开征遗产税，但是遗产税一直是高净值人士内心的担忧。以美国为例，通过遗嘱一次性将资产分配给一个继承人的话，对于超过限额的资产，需要直接缴纳遗产税。但通过家族信托，资产产生的收益如果分成多个年度、向多个继承人分配，可以充分利用每个年度的免税额度，实现税收的优化。

家族信托的设立条件

除了资产规模必须达到 1000 万元，设立家族信托还需要满足以下条件。

第一，信托目的必须合法。

一般来说，设立家族信托最重要的目的在于利用信托财产的独立性以及再管理、分配的优势，以实现整个家族财富有序、安全的传承。

但是，借助家族信托的设立恶意躲避债务或掩盖其他非法原因的现象也会存在。如果委托人设立家族信托的目的是恶意的，即便是侥幸成功设立了家族信托，未来也面临着被法院认定为信托无效的风险。

同时，专以诉讼或讨债为目的设立的家族信托无效；信托目的违反法律法规，或者损害社会公共利益的家族信托无效；再者，家族信托损害到债权人利益的，债权人有权向法院申请撤销该信托。

第二，家族信托委托人要适格。

家族信托的委托人必须具有完全民事行为能力。因为税务等问题，目前我国部分信托公司不接受外籍人士或在海外拥有永久居留权的高净值人士设立家族信托。

第三，信托财产应具有合法性。

委托人设立家族信托的财产必须有合法的来源，并依据财产的性质提供相应的证明。非法的财产、不存在的财产、权属不清的财产、未经批准的限制流通的财产等，即使已经设立成家族信托，未来也会被确认为无效，或经权利人申请面临被法院撤销的法律风险。

实务中，作为家族信托的受托人，信托公司会对财产来源的合法性进行必要的审查、调查。对于现金类资产，通常信托公司会要求委托人出具收入证明、完税证明或取得该现金类资产的其他证明；对于不动产，最直接的方式就是要求委托人出具《房屋所有权证书》；对于动产，委托人必须出具购买证明或者取得动产的证明；对于股权信托，信托公司可以要求委托人提供由会计师事务所对股权进行审计和评估的报告，必要时再由律师对这部分财产的合法性出具法律意见书；对于要装入信托的珠宝首饰、字画类的资产，委托人需要提供购买这类资产的发票或银行流水等，证明其所有权的归属。

第四，设立家族信托应该采取书面合同的方式。

设立家族信托是家庭资产规划的重大事件，涉及资产配置、税务规划、子女婚姻财产规划等内容，是关系到委托人的家族财富能否得以有序传承、设立家族信托的目的是否能够贯彻实现的重大事项，因而必须采用书面合同的方式。

同时，家族信托合同都是定制条款，根据委托人设立家族信托的不同目的以及资产的类别，需要财富管理专家、律师、财税专家等专业人士共同参与，对家族信托的架构进行设计，因而必须采用书面合同的形式。

第五，家族信托必须登记。

《中华人民共和国信托法》第十条规定，设立信托，对于信托财产，有关法律、行政法规规定应当办理登记手续的，应当依法办理信托登记。未依照前款规定办理信托登记的，应当补办登记手续；不补办的，该信托不产生效力。

家族信托的不足

设立家族信托可以利用信托财产的独立性以及再管理、分配的优势，实现整个家族财富有序、安全的传承。但是，设立家族信托也有它的不足，主要集中在以下几方面。

第一，家族信托的投资门槛较高。2018 年 8 月 17 日，《银保监信托函》（〔2018〕37 号文）中，出现了我国最早、最清晰的关于家族信托的定义，其中规定了设立家族信托财产金额或价值不低于 1000 万元。

第二，财产的所有权发生转移。设立家族信托，要求委托人将财产的所有权装入信托，也就是说，财产其实不再属于自己，所以设立家族信托需要深思熟虑。

第三，运作信托成本高。设立信托必然会产生设立费、信托财产转让时的税费、每年的信托管理费等，都是一笔笔的开支。

第四，需要配偶配合签字。家族信托的设立对于配偶是透明的。实务中，大部分的信托公司要求委托人设立家族信托时，配偶要参与共签。这样，如果委托人有一些分配方案不想让配偶知道，比如将财产分配给非婚生子女，在实现上会存在困难。

第五，需要完税证明。"纳税"和"完税"是两个概念。一些高净值人士一直在纳税，但可能并没有完税。因而在设立家族信托时，难以提供合法的财产完税证明。无法提供完税证明，也就无法设立家族信托。

在中国，改革开放造就了一大批家族富豪，同时房产的增值也让一部分人受益。因而，如何将积累的财富进行传承，打破"富不过三代"的魔咒，家族信托能起到的作用不可忽视。根据中国信托登记有限责任公司最新数据，截至2022年9月，家族信托存续规模约4700亿元，较2021年末增长约34%，存续家族信托约2.4万个。①

然而，家族信托在我国发展的时间较短，不少客户对信托的理解仍是停留在集合资金信托的层面，不了解家族信托的本质以及在财富传承中的意义。同时，国内家族信托配套的法律法规不够完善，从业人员的数量较少、专业水平也有待提高。受到以上因素的制约，我国家族信托的发展仍处于初级阶段。

然而，随着家族信托的功能不断被普及，个人及家庭的切实需求也在不断增加，家族信托在高净值家庭以及中产阶层的资产管理和传承上，有望发挥更大的作用。

家族办公室：家族财富的顶层设计

家族办公室的常识

家族信托结合了法律与金融的特点，能管理委托人的婚姻财产，也能实现委托人生前和身后对财富的控制，是一个家族财富的系统化解决方案。但是，超高净值人群除了对财富管理和传承有需求，也存在企业治

---

① 邢成，秦洪军，王楠.资产服务信托展业与体系构建[J].中国金融,2023(9):42-44.

理、家族治理等刚性需求。而这些，并非家族信托能提供的服务。

家族办公室（family office，FO，简称"家办"）是家族信托的升级模式。

家族办公室是能为超高净值家族提供综合的全方位财富管理和家族服务的专业机构，主要聚焦且不限于提供家族宪章、传承计划、投资管理、税务优化、公益慈善规划等。可以说，家族办公室就是一个家族的"超级管家团队"，会根据高净值家庭不同的需求和愿景进行"量体裁衣"，以促进家族成员间关系和睦，助力家族财富永续、家族企业长青。因而，家族办公室是家族财富管理的最高形态。

家族办公室的种类

家族办公室主要分为单一家族办公室和联合家族办公室两类。

单一家族办公室（single family office，SFO）：顾名思义，这样的家族办公室只服务于一个超级富裕的家族，专门应对他们的各种复杂需求。从全球范围来看，SFO的私密性和定制性强，但一个功能完善的家办一年的综合开支至少需要100万美元。考虑到运营成本要占到管理资产规模的1%左右，家族的资产规模至少需要达到1亿美元，才适合设立单一家族办公室。

联合家族办公室（multi-family office，MFO）：联合家族办公室是对应单一家族办公室而言的，联合家族办公室平均为7个家族提供服务，其中64%的联合家族办公室为2~5个家族提供服务[1]。

---

[1] Campden wealth，惠裕全球家族智库，瑞银集团，中航信托.2021年中国家族财富与家族办公室调研报告[R].2021:17。

家族办公室的职责

通常来说，家办最重要的职责，是确保家族财富的保值、增值。除此之外，家办还承担着一些事务性的管理工作，比如制定家族宪章、拟订婚前财产协议、遗嘱规划、教育医疗服务以及慈善管理服务。所以，家办是拥有"超级大脑"的管家团队，是家族中心人物的左膀右臂。

如果对家办负责治理及管理的职责进行分类，主要涉及四大资本——金融资本、家族资本、人力资本和社会资本。这些资本相互关联，共同构成家庭的整体资本基础。家办治理及管理的职责，需要综合考虑并平衡这四个方面。

第一，金融资本。

金融资本是家庭的财务资源和资产，包括现金、储蓄、投资组合、房地产等。家办管理金融资本的职责包括预算规划、投资决策、债务管理、税务筹划等，从整体上对家族财富进行集中化管理，旨在实现家族资产的优化配置，让家庭财富增长最大化。

第二，家族资本。

家族资本指的是家族拥有的各种资源，包括财务资产、企业、人脉关系、品牌声誉、家族文化等。家族资本是家族办公室所依赖的基础，通过有效地管理和利用家族资本，家族办公室可以助力家族实现长期繁荣和持续发展。

第三，人力资本。

人力资本是维持家族长期兴旺的关键所在。家办强化家族人力资本的职责包括对家庭成员的教育做系统性规划，发现并培养家族成员的特长，为家族成员的素质提升、事业发展路径等方面提供指导性建议，旨在维持和提升家族成员的综合能力和竞争力，实现整个家族的长期稳定发展。

第四，社会资本。

家办管理社会资本的职责包括建立和维护整个家族的人际关系、外部社会网络的联系和资源梳理、参与社会组织和社区活动、支持发展家族后代的社交技能、协助家族慈善资金的规划和慈善活动的管理，旨在为整个家族提供社会支持、机会和资源，并促进家族声誉、社会地位、社会影响力的提升。

不同家族办公室的职责会有差异，但总体而言，家族办公室的存在，为超高净值家族提供了一个综合信息及服务的平台。通过家族办公室的设立，保护了家族成员的隐私，家族成员不用担心因和过多外包机构合作而信息泄露。

财富方面，家办统一管理了家族的财富和资产，以尽力实现家族财富的长期增长和保值。在家族办公室的平台上，家族成员间必须展开合作，充分沟通和协调，通过家族办公室共享信息、讨论重要事务、解决冲突和制定共同目标，以有利于家族内部成员的和谐和团结。同时，家族办公室协助家族成员制定长远的发展战略、人员教育规划，并提示风险和机遇，也为家族提供了战略性的引导和支持。

事实上，家族办公室的背后，是中国最具创造、创富、创新能力的一批人。家办除了能为他们提供家族财富管理和传承的系统化解决方案，提高代际传承的成功率，有利于民营企业的稳定运营，更能影响到我国民营经济的发展转型，有利于我国民营经济的整体稳定和转型升级。因而，家办的存在，有利于当地产业升级，发挥着其他机构无法替代的重要作用。

虽然中国内地的家族办公室还处于起步阶段，但鉴于中国香港特区政府近年来大力发展家族办公室的经验，内地家办行业未来有机会得到政府更多的重视和政策支持。

家族基金会

家族基金会的常识

家族基金会也被称为私人基金会，通常是基于个人或家族成员的捐赠或遗赠财产设立的。其旨在按照设立人的意愿对资产进行运作、保存、管理和投资，为具有亲属和利益关系的一个或多个"受益人"安排该资产及其收益。这是一种非公募基金，由家族成员或专业管理人员参与经营。

基金会的出资方式较为多样，包括现金、债券、股票、不动产等由家族控制的资产。设立人的愿望是基金会的核心，其目的在于有效地管理和保护该资产，并在合法和透明的框架内为受益人的利益进行规划和布局。

同样作为财富管理和传承工具，相比信托，基金会可以同时实现设立人参与资产管理与传承、社会慈善等多重目的。同时，信托中的受托人是独立第三方，而家族基金会的创始人，也可以担任基金会理事会成员，这从最大程度上保证了创始人的真实意思能够被理解及执行。同时，家族基金会中的理事会成员，可以从家族成员中指派，这就保证了理事会会为了家族兴旺这一共同目标协作共进。

放眼全球，不少知名家族都拥有自己的家族基金会，比如比尔及梅琳达·盖茨基金会、洛克菲勒基金会、李嘉诚基金会、马云基金会等。在我国，家族基金主要是指家族慈善基金。

比尔及梅琳达盖茨基金会

比尔及梅琳达·盖茨基金会是由微软公司创始人比尔·盖茨和他的妻子梅琳达·盖茨于2000年创立的慈善组织。该基金会致力于帮助全球最贫困和弱势的群体，解决全球性问题，例如改善全球卫生、减轻全球贫困、改善全球教育和促进全球发展。

该基金会拥有约50亿美元的年度预算，并在全球各地开展慈善项目。这些项目涉及许多领域，包括疾病控制、健康卫生、农业、环境、教育和公共政策等。例如：该基金会曾经投资于研发和分发疫苗，致力于消灭疾病；也支持贫困地区的小农场主，帮助他们提高生产力和增加收入。

比尔及梅琳达·盖茨基金会是目前世界上最大的公开运营的私人基金会，也是最具影响力和效率的组织之一。通过持续的投资和卓越的领导力，该基金会致力于创造一个更公平、更健康、更富裕和更有机会的世界。

家族基金会的作用

总体而言，除了管理家族的财富，超高净值家族设立家族基金会的重要目的之一就是慈善。通过设立家族基金会，上一辈期望改变后代对财富的预期，鼓励后代珍惜长辈留下的财富，并激励他们努力开创自己的事业，同时让后代为自己的经济状况负责。

除此之外，设立家族基金会还能让家族成员体验到慈善事业的真正意义和价值，培养他们的同理心和换位思考的能力；在家族成员相互联系、沟通和协作的过程中，增强家族凝聚力和归属感；家族基金会也是家族文化和传统的载体，每一代家族成员都可以通过家族基金会了解和传承家族的精神风貌、文化取向和价值内涵，有效地促进家族文化的传承和发扬光大。

最后，永续的慈善基金会能扩大家族的名誉和声望，成为代际传承的重要财富。慈善基金会是重要的投资方式，能在有形资产之外为家族带来更大的收益，促进家族和社会的良性互动。

然而，在我国现行的体制下，家族基金会也存在各种问题。

一是接受赠与的税收过高。曹德旺在向自己的基金会捐赠股票时，基金会作为受赠方需要缴纳所得税。据称，基金会在收到曹德旺捐赠的35亿元的股票捐赠后涉税5亿元，最终分了5年缴纳，这样的税负是比较高的。

二是基金会缺乏具有专业管理能力的人才。我国《基金会管理条例》规定，基金会工作人员的工资福利和行政办公支出不得超过当年总支出的10%。一方面家族基金会的运作需要专业人员的参与，一方面又不能超过规定的行政支出。若一个慈善项目的支出小，意味着行政成本低，人员薪酬也不高，这是基金会难以吸引高素质专业人才的重要原因。

三是内部协作方式有待探索。在基金会的管理过程中，家族、理事会、秘书长和项目负责人的立场和诉求都不相同，如何加强各方协作，也是我国的基金会待探索的内容之一。

作为财富管理和传承的工具，家族信托和基金会拥有各自的优势和特点，具体可见表7-2。

表7-2　家族信托与家族基金会比较

主要差别	家族信托	家族基金会
性质	非独立实体	独立的法律实体，但无股东
设立方式	无须行政注册	需要办理注册登记
是否公开	私密	可能需要公示
参与主体	委托人、受托人、受益人、监察人	创始人、理事会、受益人、监察人
财产归属	受托人	家族基金会
管理者	受托人	理事会
最终受益人	委托人指定的受益人对信托财产拥有受益权	当基金会决定向某人分配财产时，受益人才会受到分配
存续年限	有存续年限	可以永续存在

蒙牛牛根生——内蒙古老牛慈善基金会

内蒙古老牛慈善基金会是中国第一家现代化的家族基金会，成立于2004年。这个基金会是由蒙牛乳业的创始人、前董事长和前总裁牛根生携家人捐出持有蒙牛乳业的全部股份及大部分红利发起的。

从2006到2009年，牛根生陆续辞去了蒙牛集团的总裁和董事长职务，转变为慈善家。在2016年，牛根生接受沃伦·巴菲特及比尔·盖茨夫妇的邀请，成为中国首位加入"捐赠誓言"的慈善家。在他的影响下，家族成员都致力于公益慈善事业。

牛根生认为，商业虽然可以改变世界，但这种改变可能对一些人有益，对另一些人不利。但慈善不同，它没有竞争，目标始终是"共同幸福"。当老牛基金会初创时，牛根生提出"百年传承"的愿景，因此他将基金会命名为"老牛"。他曾对儿子牛犇说："我的父亲没有做过企业，但是他做过慈善。爸爸现在是老牛；我离开这个世界后，你就是老牛；你离开这世界后，你的子女就是老牛。这是我们牛家代代相传的名字。"

常见问题解答

一、家族信托对客户的资产有什么要求？

委托人交付的信托财产必须是本人合法所有的财产，并能提供证明资料。信托财产必须没有侵犯其他人的权益，若涉及与他人共有的财产，应经其他共有人同意才能交付信托。

二、设立家族信托，一般需要提供哪些资料？

1. 委托人及配偶（如有）的有效身份证件；

2. 受益人身份信息；

3. 委托人与受益人关系声明或证明文件（如出生证明、家庭户口簿等）；

4. 委托人婚姻证明（如结婚证、离婚证等）；

5. 委托人的财力证明（包括且不限于委托人名下的房产证明，大额理财或银行资金证明，家庭 / 个人近两年纳税证明，等等）。

三、设立信托，委托人的配偶必须共同签字吗？

若以夫妻共有财产设立信托，目前大部分的信托公司都要求委托人的配偶到场，共同签署相关文件。

四、我可以为我的非婚生子女设立家族信托吗？

可以。但若要将婚内共同财产设立信托，不管受益人是谁，都需要得到配偶的同意。

五、设立家族信托需要经过配偶同意吗？

以个人财产设立的信托不需要夫妻共同签字。但若要将婚内共同财产设立信托，不管受益人是谁，设立之初都需要配偶共同签字。

六、委托人对信托的后续追加、调整、终止，都需要经过配偶同意吗？

委托人后续追加的财产如涉及夫妻共有财产，则需要配偶同意并共同签署文件；调整或终止信托，并涉及配偶利益，如将婚外情人或非婚生子女作为受益人，须经过配偶同意；委托人终止信托后欲将财产分配给婚外情人或非婚生子女，则需要经过配偶同意。

而对于一般的指令投资等行为，则无须经过配偶再次同意。

七、若要更改信托条款，信托公司是否再次收费？

如信托合同约定委托人可对信托条款进行更改，委托人有权对信托合同更改。根据变更内容的不同，信托公司可能收费，也可能不收费，具体见信托合约的约定。

八、设立了家族信托，是否一定能够达到财产保护的目的？

信托财产的独立性有明确的法律支持，但最终能否达到客户财产保护的目的取决于信托设立的时间、信托架构设计是否合理、信托财产来源是否合法、客户披露的信息是否真实准确等因素，而非法律制度本身。

资金来源不合法和设立目的损害了他人利益的家族信托在境内外都没有隔离作用。

九、目前哪些机构在提供家族办公室服务？

目前在提供家办服务的机构主要有四类。

第一类是金融机构内设的高端财富管理中心，比如信托公司和第三方财富管理机构。他们在原有客户的基础上，通过成立家族办公室，为超高净值家庭提供量身定制的资产配置方案，以求让超高净值客户及家庭的资产长期留存。

第二类是由高身价的超级富豪自己设立的家办。出于对家族资产安全和信息私密性的考虑，这些富豪往往会组建自己的单一家族办公室，以管理他们的家族财富。例如，香港恒隆集团的陈氏家族基金以及阿里巴巴的核心创始人马云和蔡崇信成立的蓝池资本等。

第三类是以投资为导向的家办。这类家办通常由金融从业者创办，其核心业务仍然是投资管理。通过为客户量身定制资产配置方案，实现财富的保值增值是这类家办的主要目标。

第四类是事务型的家族办公室。这类家办主要由律师或保险从业者创办，其核心业务是法务事务管理。他们协助制定家族宪章、税务筹划、设立遗嘱、配置寿险、处理婚姻财产等事务，专注于解决与财富传承和家族治理有关的事务。

有数据显示，目前中国本土家族办公室，信托公司背景的占 39%，商业银行和律师背景各占 25%。

目前，大部分国内的家族办公室仍处于探索阶段，力求在国外成熟模式上找到本土化解决方案，家办目前仍处在萌芽阶段。

十、与公益基金会相比，家族基金会有何不同？

1. 设立的目的不同。公益基金会的设立是以参与公益事业为目的的；而家族基金会则服务于创始人的家族，以家族的发展和壮大为目的。

2. 资金来源不同。公益基金会可以采取公开募集的方式筹措资金，而家族基金会的资金通常来源于创始人的捐赠或者创始人的遗产。

3. 受监管力度不同。公益基金会由于参与公益事业并且部分资金是公募来的，所以受到政府的严格监管；而家族基金会由于资金来源于特定主体且服务于特定主体，不太受政府监管。

08

需要传承的
不仅仅是财富

本书主要探讨的内容是物质财富的传承，但从世界范围内的传承来看，如果家长们留下的仅仅是物质财富，而没有同时做好文化、精神等方面的传承，也会给守富传富埋下隐患。

　　财富虽然可以提供一定的物质享受和满足基本需求，但它不能满足人类的一切精神和情感需求。如果孩子从小就接受到无条件的经济支持，可能会缺乏目标感，导致精神空虚，进而误入歧途或肆意挥霍财富，这些都是父母所不愿意看到的。

　　除了将物质财富进行传承，父母在与子女的相处中，还需要重视哪些方面的传承？这是本章需要探讨的内容。

真正宝贵的财富

　　巴菲特在 2023 年 5 月 6 日的伯克希尔·哈撒韦年度股东大会上说："家长的行为、特质和价值才是最好的老师，遗嘱应该和家庭的价值挂钩，才能让孩子传承这一价值，并合理继承财产。"由此可见，非物质财富的传承是如此重要。虽然非物质财富的传承涉及的内涵过于深刻和庞大，并非本书主要阐述的内容，但是本书探讨的财富管理与传承，应该都是围绕着家庭成员长久的幸福展开的。而长久的幸福除了物质传承，上述宝贵财富的传承更不可或缺，需要家长凝聚自己的智慧。本书抛砖引玉，阐述几种非物质财富的重要性。

家庭教育

家庭是孩子的第一个课堂，它对一个人的成长有着深远的影响。在家庭中，父母扮演着最为重要的角色，他们不仅是孩子的亲人，更是孩子的第一任老师。通过言传身教，父母向孩子传授了很多生活知识、道德准则和行为规范，这些都将对孩子的一生产生重要影响。

家庭教育不仅关系到孩子的个人成长和发展，而且关系到整个家族的兴旺、民族的未来。因此，长辈需要重视家庭教育，传承良好的价值观，帮助孩子建立责任心，提升孩子管理财富的能力。

情商和社交能力

情商和社交能力对于建立健康、积极的人际关系至关重要。家长培养孩子的情商和社交能力可以帮助他们学会与他人合作、关心和理解他人的感受，并使得他们能够建立深入、有意义的人际关系，有助于他们在未来的社交中获得支持和友谊，更好地解决冲突，避免不必要的争吵和矛盾。

研究表明，情商和社交能力，与学习成绩、领导能力和职业成功之间存在着正向关联。具有较高情商和社交能力的孩子更懂得如何管理自己的情绪、适应变化，并与他人建立积极合作的关系，这使得他们在学习和工作中更有竞争力。

健康的心灵

健康的心灵是孩子全面发展的基础。健康的心灵能让孩子在面临学业、压力、社交等挑战时，能以积极的情绪和状态应对。在困难面前，身心强大的孩子会更愿意采用积极的思维模式处理问题、解决困难，并保持心理的稳定和平衡，更能从朴素的生活中感受和欣赏美好。

精神财富

精神财富的传承是人类文明和社会发展的重要组成部分，它包括人类社会和文化中的各种非物质的传承，比如道德、信仰、艺术、知识、智慧、习惯和传统等。对于家庭来说，精神财富的传承不仅能培养家庭成员良好的道德品质和生活习惯，还能够帮助孩子更好地适应现代社会，并提升面对未来挑战的信心。

人生经验和智慧

人生经验的传承不仅可以帮助孩子更好地了解家长的经历，从中吸取教训，而且"前人栽树后人乘凉"，有了家长的智慧，孩子可以少走弯路，在人生道路上走得更顺利。例如，知名企业家李嘉诚通过讲述自己的经历和故事，激励年轻人勇于追梦、探索人生的真谛。

人生经验和智慧的传承有多种形式，例如家长的口头传授、书信、日记等。在中国传统文化中，祖训是一种重要的传承形式。祖训是家族历代传下来的信条和法则，以口头传承和文献形式流传至今。祖训通常包括家族的宗旨、家规家训、家族历史、家庭文化等内容，通过传承可以让孩子了解和感受家庭的传统文化和价值观。

同时，现代技术也为人生经验和智慧的传承提供了新的方式。例如，有些人会通过图书、博客，或者制作视频分享自己的人生经验和智慧。这些形式的传承，不仅可以为孩子提供指导和启示，也可以让其他人有机会学习到前人宝贵的人生经验和智慧。

社会责任

每个人都应该承担起属于自己的社会责任，比如家长应该教会孩子维护社会公德，遵守法律法规，关注环境保护和可持续发展，积极参与公益事业和志愿服务，为社会发展做出自己的贡献。这样不但可以帮助孩子成长为一个心灵健康、有担当的人，而且有助于社会变得更加和谐、繁荣。

慈善事业

通过参与慈善事业，家长能帮助孩子更好地理解社会问题和弱势群体的困境，从而激发他们的责任感和同理心，并更好地理解父母的价值观。为了加强孩子参与慈善的理念，家长可以给孩子做出榜样，比如，积极参与慈善活动，为贫困地区的孩子们提供帮助和支持，等等。

世界首富的慈善活动

比尔·盖茨是全球著名的慈善家和企业家。他不仅拥有过世界首富的头衔，还积极关注全球贫困和疾病问题，投入大量资金和精力进行慈善活动。他成立了比尔及梅琳达·盖茨基金会，致力于解决全球卫生和教育问题。截至 2022 年末，该基金会已经投入了超过 700 亿美元的慈善资金，为全球贫困地区和弱势群体带来了巨大的帮助和改变。

盖茨的慈善行为不仅影响了全球范围内的人们，也影响了更多的企业家和富豪们。他们开始意识到，作为社会的一分子，他们有着重要的社会责任和义务。越来越多的企业家开始关注社会责任和慈善行为，积极投入慈善事业，帮助弱势群体和改善社会环境。

除了比尔·盖茨之外，还有很多企业家也积极投入慈善事业。例如，我国的很多企业家都成立了自己的慈善基金会，致力于改善教育、环境和健康等领域的状况。他们的慈善行为不仅帮助了社会弱势群体，也为企业树立了良好的形象，赢得了社会的信任和尊重。

培养好下一代

传承是人生中非常关键的一环，对富有阶层而言如此，对普通人而言亦如此。非物质财富传承在大部分人的认知里，有个更亲切和熟悉的说法，就是"培养"。如果父母没有培养好孩子各方面的品质和能力，再大的家业在孩子的手里，也难免走向没落和衰败。

本节探讨哪些重要品质值得父母去重点引导和培养。

古驰（Gucci）家族的落败

古驰品牌的创始人古驰奥·古驰（Guccio Gucci）在 1921 年创建了这个品牌，并带领品牌走向成功。然而，他的两个儿子奥尔多·古驰（Aldo Gucci）和鲁道夫·古驰（Rodolfo Gucci）在他去世后发生了争斗，导致古驰家族内部的分裂和长期的法律纠纷。

奥尔多成了古驰品牌的 CEO（Chief Executive Officer，首席执行官），并带领品牌在国际市场上大展拳脚。他还推动了品牌的扩张，将古驰发展成了一家全球性的奢侈品牌。然而，他与自己的兄弟鲁道夫之间的关系却十分紧张。在奥尔多生前，他曾试图从公司中排除鲁道夫，但是最终并未成功。

在奥尔多去世后，其子毛里齐奥·古驰（Maurizio Gucci）继承了奥尔多的股份，成了公司的大股东。鲁道夫和他的儿子们试图将毛里齐奥排除在公司之外，但最终却被毛里齐奥逆袭。

毛里齐奥带领着古驰品牌继续扩张，并且推出了一些成功的系列产品，比如古驰马鞍包和竹节包。然而，他的财务管理能力十分糟糕，导致公司经营不善。

在毛里齐奥的婚姻中也发生了戏剧性的事件。前妻在与帕特里齐亚·雷吉亚尼（Patrizia Reggiani）离婚后，雇佣了几个杀手暗杀了毛里齐奥并被判处了 18 年的监禁，而毛里齐奥的死亡也成为古驰家族传承故事中一个重要的转折点。

最终，古驰被法国时装集团开云（Kering）收购，并且继续保持了在全球市场上的地位和影响力。然而，目前的古驰，已经与他们家族没有什么关系了。

学会感恩

让孩子学会感恩，是帮助孩子克服优越感的重要方式，也是收获快乐的过程。年轻一代基本没有经历过财富匮乏的年代，他们不会主动意识到拥有一辆滑板车、去一次迪士尼都是上一代财富积累的结果，并不是人人都可以拥有的。

生活中的任何点滴小事，都值得我们感谢及感恩。而培养孩子具备感恩的心态是一个长期而综合性的过程，需要父母从日常生活、教育方式和言行举止等方面给予引导和示范。

比如，让孩子从小了解自己的生活条件，认识到财富来之不易，不是每一个孩子的家境都是优渥的，需要用心保护和珍惜。

比如，带孩子走访社会弱势群体，参与公益活动，了解生活在不同环境中的人们的生活情况，帮助孩子树立正确的价值观。

比如，父母可以和孩子聊聊诸如"今天的饭菜很好吃""今天下班回家看到路边开着漂亮的野花"之类的小事，引导孩子用心去发现和感受身边的美好。孩子发现身边那些看似漫不经心的小事件都是如此美妙，也从内心感到真正的快乐。

培养目标感

目标感强的孩子会更容易坚持做某件事情，因为他们明确知道自己想要什么，并且明白达成目标需要持续不断的努力和付出。同时，孩子在追求目标的过程中需要学会时间管理、计划制订等技能，这些技能可以帮助他们更好地管理自己的生活，提高效率和自控力。

因而父母可以刻意培养孩子的目标感，帮助孩子在成长过程中更好地把握人生方向、寻找生活的意义，使之学会更好地规划自己的未来，同时鼓励他们找到自己感兴趣的领域并为之努力奋斗。

在培养孩子目标感的过程中，父母可以帮助孩子设定他们感兴趣的目标，让他们知道实现这些目标所需要的步骤和时间，这可以让孩子学会规划和执行计划。同时，告诉孩子设定目标的好处，并协助他们完成目标，以使他们获得达成目标时的成就感。如果孩子在执行过程中遇到困难，父母要尽力鼓励和肯定孩子取得的成就并提供帮助，让孩子有信心坚持达成自己设定的目标。

当孩子们不断实现自己的目标时，他们会备感自豪和自信，这种感觉可以激发他们更多的积极性和创造力，使得他们即使离开父母，也能在未来更好地独自面对挑战。

发现天赋

每个孩子都是独特的，他们都有自己的天赋和潜能，而家长的责任是为他们创造接触各种各样的活动和领域的机会，帮助他们发现和发掘自己的潜能，包括且不限于艺术、体育、科学、技术等，以便让他们在未来能够充分了解自己的才能并拥有多元化的人生体验。

当孩子表现出对某项活动或某个领域的兴趣时，父母应尽量给予积极的反馈和鼓励，以便让他们找到最适合自己的领域，并不断完善自己的天赋和技能，从而获得持续成长和进步。

培养意志力

意志力在迈向成功之路的过程中尤为重要。培养意志力也能帮助孩子避免因家庭条件优渥而精神原动力不足的问题。

父母可以协助孩子设定目标，帮助他们制订实现目标的计划。目标可以是短期的小目标，也可以是长期的大目标。通过不断实现目标，孩子可以逐渐培养自我激励和自我管理的能力。

同时，要意识到克服困难和挑战是培养意志力的重要途径。当孩子遇到困难和挑战时，鼓励他们不要轻易放弃。除此之外，父母要鼓励孩子学会自我控制和自我管理，例如按时完成作业、保持规律的作息时间、养成良好的生活习惯等。这些好习惯可以帮助孩子建立自信，进一步培养他们的意志力。

培养财商

财富对孩子有正面的作用，但也可能会让他们失去感恩的意识，不懂得珍惜，变得过于消极和浪费。此外，过分的物质富足还会让孩子产生虚荣心和攀比心，失去判断和评估自我价值的能力。

巴菲特的财富和投资理念备受人们推崇，他在教育自己的孩子方面也有自己的独特方式，其中包括有意识地创造财富短缺感，让孩子们珍惜和重视财富。巴菲特认为，对于孩子们来说，了解金钱的重要性和如何正确地管理金钱是非常重要的。他在家里并不给孩子们太多的零花钱，让他们意识到钱的珍贵和有限性。此外，他还会让孩子们自己去挣钱，如做家务、卖报纸等，让他们明白劳动的重要性和钱的来之不易。

巴菲特的智慧值得我们学习。在生活中，我们也要让孩子正确看待和使用财富，不骄不躁，理解金钱来之不易，同时培养他们的感恩之心，帮助他们正确使用金钱。

鼓励独立

独立能力是人生中非常重要的一项技能，它能让孩子更好地适应社会环境，应对各种变化和挑战。同时，孩子学会独立处理生活中的问题，家长也能减轻照顾孩子的负担，更加放心和安心。

为了帮助孩子在成长过程中获得独立能力和自信心，家长可以让孩子参与决策，让他们做出一些自己的选择。例如，让孩子自己选择自己出门的衣服、午餐吃什么等，这可以增加他们的自主性和决策能力；再者，鼓励孩子去尝试新的事物，让他们从中学习新的技能和知识，从而帮助他们培养独立性和自理能力。

在语言方面，家长也要鼓励孩子说出自己的想法和感受，并尊重他们的意见。这可以帮助孩子学会自信地表达自己的观点，同时也可以培养他们的独立思考能力。

传递家庭文化和价值观

价值观是指一个人对于生命和人生的看法和态度，是人生的基石，也是个人对于生命、自我、他人和世界的基本信念和价值观念，它决定了一个人的人生目标和行为准则。价值观也是在人的成长和经历中逐渐形成的，并受到周围环境的影响。

作为家长，可以通过讲述上一代以及自己的故事，分享生活经验和人生智慧，指导孩子做出一些正确的决策和选择，帮助孩子形成正确的价值观，促进孩子的成长和发展，塑造他们更为健康的人格，并帮助孩子更好地面对生活中的困难和挑战。同时，家庭内部传递的价值观是家庭的精神财富和基础。家长向孩子讲述自己的价值观，也能增强家庭内部的凝聚力，建立孩子对家庭的认同感和归属感，这一点对于家庭成员的成长和长期发展至关重要。

同时，正确且积极的价值观，也是人类文明的重要组成部分。通过这些传承，我们可以让前人的智慧和经验得到延续，为人类的进步和发展做出贡献。

以上提到了七种父母引导和培养孩子的方式，对于中国的父母而言，因为常年实行的计划生育政策，家庭中往往只有一个子女可以做家族事业和家庭财产的接班人。不管家庭财富的总量多与少，父母通常没有选择，或缺乏相应的有效机制去激励子女的奋斗。同时，因为一直在较稳定和宽松的社会环境下长大，孩子很难有和父母一样的巨大的动力，把奋斗作为自己的第一目标。因而，父母一定要从小培养孩子的综合能力，帮助孩子更好地成长和发展，激发他们的奋斗精神和动力，让他们和自己一样，成为积极向上、有责任感、有担当的人。